Über Ellipsen auf einem Ellipsoid, deren Axen gegebenen einfachen Bedingungen genügen, insbesondere über kongruente Ellipsen.

INAUGURAL-DISSERTATION

ZUR

ERLANGUNG DER DOCTORWÜRDE

DER

HOHEN PHILOSOPHISCHEN FAKULTÄT

DER

KÖNIGL. BAYER. LUDWIGS-MAXIMILIANS-UNIVERSITÄT MÜNCHEN

VORGELEGT VON

GEORG DIEM

K. GYMNASIALLEHRER AM K. PROGYMNASIUM

LOHR A. M.

WÜRZBURG.

J. M. RICHTER's BUCH- UND KUNSTDRUCKEREI.

1898.

VORWORT.

In dieser Abhandlung werden Kurven und Flächen betrachtet, welche Mittelpunkt und Pol von Ellipsen auf einem Ellipsoid, deren Axen einfachen Bedingungen genügen, beschreiben, sowie die Einhüllenden der Ebenen dieser Ellipsen.

Als solche einfache Bedingungen sind folgende gegeben:

1. Die eine Axe der Ellipse ist konstant,
2. Das Produkt der Axen ist konstant (flächengleiche Ellipsen),
3. Der Quotient der Axen ist konstant (ähnliche Ellipsen),
4. Jede Axe ist konstant (kongruente Ellipsen*).

Die vorkommenden Gleichungen sind durchweg auf ein rechtwinkliges Koordinatensystem bezogen, manche Formeln so eingerichtet, dass sie sofort auf den affinen Raum bezogen werden können, den eine zum Ellipsoid affine Kugel mit dem Radius 1 bestimmt.

Ebenso sind auch ein paar Figuren der Einfachheit wegen im affinen Raum gezeichnet.

---

*) Der mutmassliche Urheber und erste Bearbeiter des Themas 4 ist wohl Herr Gymnasiallehrer *Karl Freiherr v. Stengel* gewesen, der jedoch seine Arbeit nicht veröffentlichte.

Über die auf einer Fläche 2. Ordnung liegenden gleichseitigen Hyperbeln hat Herr *Otto Rupp* in den Sitzungsberichten der Wiener Akademie, 86. Band, p. 909—918, 1882, eine Abhandlung geschrieben.

INHALT.

§ 1.

Axenkomplex.

Jede Gerade im Raume ist Sehne eines Ellipsoides. Ihre beiden Schnittpunkte sind entweder reell, oder fallen zusammen oder sind imaginär. Es gibt also ∞^4 Sehnen. Durch jede Sehne gibt es nur eine (reelle) Ebene, welche aus dem Ellipsoid eine (reelle oder imaginäre) Ellipse ausschneidet, für welche die Sehne Durchmesser ist.

Daraus folgt, dass nicht jede Sehne eine Axe einer Ellipse sein kann, deren Ebene durch die Sehne geht. Soll nämlich die Sehne nicht blos Durchmesser, sondern auch Axe der Ellipse sein, so muss die Ebene derselben parallel sein zu jener Ebene, für welche der der gegebenen Sehne parallele Durchmesser des Ellipsoides eine Axe ist. Da es ∞^2 Durchmesser gibt, gibt es ∞^3 Sehnen, welche Axen sein können für Ellipsen, die auf dem Ellipsoid liegen. Alle diese Sehnen erfüllen den *Reye'schen* Axenkomplex*).

---

§ 2.

Axen, Inhalt und Asymptotenwinkel der Ellipse, welche eine gegebene Ebene aus einem gegebenen Ellipsoid ausschneidet.

Wir betrachten zunächst die Axen einer Ellipse, deren Ebene durch den Mittelpunkt des Ellipsoides geht.

Ist $\frac{x^2}{a^2}+\frac{y^2}{b^2}+\frac{z^2}{c^2}=1$ die Gleichung des Ellipsoides, wobei wir immer $a>b>c$ nehmen, $\alpha x+\beta y+\gamma z=0$ die Gleichung

*) *Reye*, die Geometrie der Lage, 21. Vortrag. (Hannover 1880.)

der Ebene der Ellipse in der Normalform, so erhalten wir die Axenlängen und Axenrichtungen durch folgende Überlegung.

Sind $\lambda\ \mu\ \nu$ und $\lambda_1\ \mu_1\ \nu_1$ die Richtungscosinus der beiden Axen, so bestehen die Relationen:

1) $\lambda\lambda_1 + \mu\mu_1 + \nu\nu_1 = 0$ 3) $\alpha\lambda + \beta\mu + \gamma\nu = 0$ 5) $\lambda^2 + \mu^2 + \nu^2 = 1$

2) $\frac{\lambda\lambda_1}{a^2} + \frac{\mu\mu_1}{b^2} + \frac{\nu\nu_1}{c^2} = 0$ 4) $\alpha\lambda_1 + \beta\mu_1 + \gamma\nu_1 = 0$ 6) $\lambda_1^2 + \mu_1^2 + \nu_1^2 = 1$

Dieses Gleichungssystem lösen wir auf folgende Weise auf: Aus 1 und 2 erhält man:

$$\lambda\lambda_1 : \mu\mu_1 : \nu\nu_1 = a^2(b^2 - c^2) : b^2(c^2 - a^2) : c^2(a^2 - b^2)$$

oder $\lambda_1 = \rho \frac{a^2(b^2 - c^2)}{\lambda}$, $\mu_1 = \rho \frac{b^2(c^2 - a\ )}{\mu}$, $\nu_1 = \rho \frac{c^2(a^2 - b^2)}{\nu}$,

wo ρ Proportionalitätsfaktor ist.

Aus 3 und 4 erhält man:

$\alpha : \beta : \gamma = (\mu\nu_1 - \mu_1\nu) : (\nu\lambda_1 - \lambda\nu_1) : (\lambda\mu_1 - \mu\lambda_1)$, woraus sich nach Einsetzen der Werte von $\lambda_1\ \mu_1\ \nu_1$ und Entfernen der Nenner ergibt:

$$\alpha : \beta : \gamma = \lambda\left(\frac{\lambda^2}{a^2} + \frac{\mu^2}{b^2} + \frac{\nu^2}{c^2} - \frac{1}{a^2}\right) : \mu\left(\frac{\lambda^2}{a^2} + \frac{\mu^2}{b^2} + \frac{\nu^2}{c^2} - \frac{1}{b^2}\right) : \nu\left(\frac{\lambda^2}{a^2} + \frac{\mu^2}{b^2} + \frac{\nu^2}{c^2} - \frac{1}{c^2}\right).$$

Der Ausdruck $\frac{\lambda^2}{a^2} + \frac{\mu^2}{b^2} + \frac{\nu^2}{c^2}$ ist aber gleich $\frac{1}{r^2}$, wo r der Halbmesser des Ellipsoides mit den Richtungscosinus $\lambda\ \mu\ \nu$ ist.

Es ist also auch: $\lambda : \mu : \nu = \frac{a^2\alpha}{a^2 - r^2} : \frac{b^2\beta}{b^2 - r^2} : \frac{c^2\gamma}{c^2 - r^2}$. Setzt man diese Werte in die Gleichung 3 ein, so erhält man die Gleichung:

$\frac{a^2\alpha^2}{a^2 - r^2} + \frac{b^2\beta^2}{b^2 - r^2} + \frac{c^2\gamma^2}{c^2 - r^2} = 0$ . . . . . I*). Dieselbe ist vom 2. Gerade in r^2. Vertauscht man $\lambda\ \mu\ \nu$ mit $\lambda_1\ \mu_1\ \nu_1$ in der vorstehenden Entwicklung, so erhält man dieselbe Relation I.

Die Halbaxen der Ellipse, welche die Ebene $\alpha x + \beta y + \gamma z = 0$ aus dem Ellipsoid ausschneidet, ergeben sich also aus der Relation I. Aus der Form der Gleichung ergibt sich, dass die eine reelle Axe $> 2b$ oder gleich $2b$, die andere $< 2b$ oder $= 2b$ sein muss. Die Richtung der Axe ergibt sich aus der

Proportion: $\lambda : \mu : \nu = \frac{a^2\alpha}{a^2 - r^2} : \frac{b^2\beta}{b^2 - r^2} : \frac{c^2\gamma}{c^2 - r^2}$ . . . . II.

---

*) cfr. *Salmon-Fiedler*, Analytische Geometrie des Raumes I, Leipzig 1874, Art. 101.

Wir wollen jetzt die Axen der Ellipse berechnen, welche von der Ebene $\alpha x + \beta y + \gamma z - p = 0$ (Normalform) aus dem Ellipsoid ausgeschnitten wird.

Der Mittelpunkt dieser Ellipse hat die Koordinaten $x_0 = \frac{a^2 p \alpha}{P^2}, y_0 = \frac{b^2 p \beta}{P^2}, z_0 = \frac{c^2 p \gamma}{P^2}$, wobei $P^2 = a^2\alpha^2 + b^2\beta^2 + c^2\gamma^2$, also P die Länge des Lotes bedeutet, das vom Mittelpunkte des Ellipsoides auf die zur Ebene $\alpha x + \beta y + \gamma z - p = 0$ parallele Tangentialebene an dasselbe gefällt ist. Der Pol dieser Ellipse hat die Koordinaten $x_1 = \frac{a^2 \alpha}{p}, y_1 = \frac{b^2 \beta}{p}, z_1 = \frac{c^2 \gamma}{p}$. Die Axenrichtungen ergeben sich aus den Relationen I und II. Die Koordinaten irgend eines Punktes der einen Axe sind daher:

$$x = \frac{a^2 p \alpha}{P^2} + \rho \frac{a^2 \alpha}{a^2 - r^2}, \; y = \frac{b^2 p \beta}{P^2} + \rho \frac{b^2 \beta}{b^2 - r^2}, \; z = \frac{c^2 p \gamma}{P^2} + \rho \frac{c^2 \gamma}{c^2 - r^2},$$

wo ρ Parameter ist.

Um den Wert von ρ für einen Scheitel der Ellipse zu finden, setzen wir diese Koordinaten in die Gleichung des Ellipsoides ein und erhalten:

$$1 = \frac{p^2}{P^2} + 2\rho \frac{p}{P^2}\left(\frac{a^2\alpha^2}{a^2 - r^2} + \frac{b^2\beta^2}{b^2 - r^2} + \frac{c^2\gamma^2}{c^2 - r^2}\right) + \rho^2\left(\frac{a^2\alpha^2}{(a^2 - r^2)^2} + \frac{b^2\beta^2}{(b^2 - r^2)^2} + \frac{c^2\gamma^2}{(c^2 - r^2)^2}\right).$$

Somit ergibt sich unter Anwendung der Relation I für ρ der Wert:

$$\sqrt{\left(1 - \frac{p^2}{P^2}\right) : \left(\frac{a^2\alpha^2}{(a^2 - r^2)^2} + \frac{b^2\beta^2}{(b^2 - r^2)^2} + \frac{c^2\gamma^2}{(c^2 - r^2)^2}\right)} = \sqrt{\left(1 - \frac{p^2}{P^2}\right) : \Sigma \frac{a^2\alpha^2}{(a^2 - r^2)^2}}$$

Daher erhält man für das Quadrat der Länge der Halbaxe den Ausdruck:

$$\left(1 - \frac{p^2}{P^2}\right) : \Sigma \frac{a^2\alpha^2}{(a^2 - r^2)^2} \cdot \Sigma \frac{a^4 a^2}{(a^2 - r^2)^2} = \left(1 - \frac{p^2}{P^2}\right) : \Sigma \frac{a^2\alpha^2}{(a^2 - r^2)^2} \cdot \left(\Sigma \frac{a^4\alpha^2}{(a^2 - r^2)^2} - \Sigma \frac{a^2\alpha^2}{a^2 - r^2}\right) = \left(1 - \frac{p^2}{P^2}\right) r^2 \;\ldots.$$

Sind r_1 und r_2 die Lösungen der Relation I, so ist also die Länge der einen Halbaxe l_1 und der anderen l_2:

$$l_1 = r_1 \sqrt{1 - \frac{p^2}{P^2}} \qquad l_2 = r_2 \sqrt{1 - \frac{p^2}{P^2}} \;\ldots\; \text{III.}$$

Wir können nun auch leicht den Inhalt J der Ellipse und ihren Asymptotenwinkel berechnen.

Es ist $J = l_1 l_2 \pi = r_1 r_2 \left(1 - \frac{p^2}{P^2}\right) \pi$.

Für $r_1 r_2$ können wir aber nach Relation I setzen $abc : P$, und erhalten daher: $J = \frac{abc}{P}\left(1 - \frac{p^2}{P^2}\right)\pi = J_0 \pi \ldots .$ IV.

Bezeichnet ϑ den imaginären Winkel, welchen die eine Asymptote der Ellipse mit der einen Axe derselben bildet, so ist 2ϑ der Asymptotenwinkel und $\operatorname{tg} 2\vartheta = \frac{2 \operatorname{tg} \vartheta}{1 - \operatorname{tg}^2 \vartheta} = \frac{2 l_1 l_2 i}{l_1^2 + l_2^2} = \tau . i$, wenn wir den reellen Teil $\frac{2 l_1 l_2}{l_1^2 + l_2^2} = \tau$ setzen. Nehmen wir für l_1 und l_2 die Werte aus Relation III, so ist $\tau = \frac{2 r_1 r_2}{r_1^2 + r_2^2}$. Da aber $r_1^2 + r_2^2 = \frac{a^2 b^2 c^2}{P^2}\left(\frac{1}{a^2} + \frac{1}{b^2} + \frac{1}{c^2} - \frac{1}{R^2}\right)$ aus Relation I, wenn wir $\frac{1}{R^2} = \frac{\alpha^2}{a^2} + \frac{\beta^2}{b^2} + \frac{\gamma^2}{c^2}$ setzen, also mit R den Halbmesser des Ellipsoides mit den Richtungscosinus $\alpha \beta \gamma$ bezeichnen, so erhalten wir für τ den Endwert:

$$\tau = \frac{2P}{abc\left(\frac{1}{a^2} + \frac{1}{b^2} + \frac{1}{c^2} - \frac{1}{R^2}\right)} \ldots \ldots \text{V.}$$

Anm. Zwei Ellipsen auf dem Ellipsoid sind also flächengleich, wenn beide dasselbe J haben, ähnlich, wenn sie in den Werten von τ übereinstimmen.

---

§ 3.

Axen einer Ellipse auf dem Ellipsoid, deren Mittelpunkt gegeben ist.

Sind $x_0 y_0 z_0$ die Koordinaten des Mittelpunktes einer auf dem Ellipsoid gelegenen Ellipse, so ist die Gleichung ihrer Ebene: $\frac{xx_0}{a^2} + \frac{yy_0}{b^2} + \frac{zz_0}{c^2} - \frac{x_0^2}{a^2} - \frac{y_0^2}{b^2} - \frac{z_0^2}{c^2} = 0$. Es ist daher, wenn wir die Länge der einen Halbaxe mit l bezeichnen, nach § 2

$$l^2 = r^2\left(1-\frac{p^2}{P^2}\right) \text{ und } \frac{p^2}{P^2} = \frac{x_0^2}{a^2}+\frac{y_0^2}{b^2}+\frac{z_0^2}{c^2}, \text{ somit:}$$

$$r^2 = l^2 : \left(1-\frac{p^2}{P^2}\right) = l^2 : \left(1-\frac{x_0^2}{a^2}-\frac{y_0^2}{b^2}-\frac{z_0^2}{c^2}\right).$$

Setzen wir diesen Wert von r^2 in die Relation I des § 2 ein, und ersetzen $\alpha\beta\gamma$ durch die Werte, welche sich aus der vorstehenden Gleichung der Ebene der Ellipse ergeben, so erhalten wir nach Entfernung der Nenner:

$$l^4\left(\frac{x_0^2}{a^2}+\frac{y_0^2}{b^2}+\frac{z_0^2}{c^2}\right)+l^2\left(\frac{x_0^2}{a^2}+\frac{y_0^2}{b^2}+\frac{z_0^2}{c^2}-1\right)\left(\frac{b^2+c^2}{a^2}x_0^2+\frac{c^2+a^2}{b^2}y_0^2+\frac{a^2+b^2}{c^2}z_0^2\right)$$
$$+\left(\frac{b^2c^2}{a^2}x_0^2+\frac{c^2a^2}{b^2}y_0^2+\frac{a^2b^2}{c^2}z_0^2\right)\left(\frac{x_0^2}{a^2}+\frac{y_0^2}{b^2}+\frac{z_0^2}{c^2}-1\right)^2 = 0 \ldots \text{I.}$$

Aus dieser Gleichung kann man die Axen der Ellipse berechnen, wenn ihr Mittelpunkt gegeben ist.

Umgekehrt kann man aus derselben den Ort der Mittelpunkte von Ellipsen angeben, deren Axen einer gegebenen Relation genügen.

Da die Koordinaten $x_1 y_1 z_1$ des Poles der Ellipse in Bezug auf das Ellipsoid mit den Koordinaten $x_0 y_0 z_0$ des Mittelpunktes der Ellipse durch die Relationen verbunden sind:

$$\left.\begin{array}{l}
x_1 = x_0 : \left(\frac{x_0^2}{a^2}+\frac{y_0^2}{b^2}+\frac{z_0^2}{c^2}\right), y_1 = y_0 : \left(\frac{x_0^2}{a^2}+\frac{y_0^2}{b^2}+\frac{z_0^2}{c^2}\right), z_1 = z_0 : \left(\frac{x_0^2}{a^2}+\frac{y_0^2}{b^2}+\frac{z_0^2}{c^2}\right) \\
x_0 = y_1 : \left(\frac{y_1^2}{a^2}+\frac{y_1^2}{b^2}+\frac{z_1^2}{c^2}\right), y_0 = y_1 : \left(\frac{x_1^2}{a^2}+\frac{y_1^2}{b^2}+\frac{z_1^2}{c^2}\right), z_0 = z_1 : \left(\frac{x_1^2}{a^2}+\frac{y_1^2}{b^2}+\frac{z_1^2}{c^2}\right) \\
\qquad \left(\frac{x_0^2}{a^2}+\frac{y_0^2}{b^2}+\frac{z_0^2}{c^2}\right)\left(\frac{x_1^2}{a^2}+\frac{y_1^2}{b^2}+\frac{z_1^2}{c^2}\right) = 1
\end{array}\right\} \ldots \text{II}$$

so ist, wenn man den Ort der Mittelpunkte kennt, auch der Ort der Pole und damit reciprok die Einhüllende der Ellipsenebenen gegeben.

---

§ 4.

Ort der Mittelpunkte von Ellipsen auf einem Ellipsoid, welche die eine Axe gleich einer gegebenen Länge haben.

Nehmen wir in der Gleichung I § 3 die Koordinaten $x_0 y_0 z_0$ variabel und lassen die Indices weg, so erhalten wir den Ort der Mittelpunkte der Ellipsen mit der Halbaxe l, nämlich:

$$l^4\left(\frac{x^2}{a^2}+\frac{y^2}{b^2}+\frac{z^2}{c^2}\right)+l^2\left(\frac{x^2}{a^2}+\frac{y^2}{b^2}+\frac{z^2}{c^2}-1\right)\left(\frac{b^2+c^2}{a^2}x^2+\frac{c^2+a^2}{b^2}y^2+\frac{a^2+b^2}{c^2}z^2\right)$$
$$+\left(\frac{b^2c^2}{a^2}x^2+\frac{c^2a^2}{b^2}y^2+\frac{a^2b^2}{c^2}z^2\right)\left(\frac{x^2}{a^2}+\frac{y^2}{b^2}+\frac{z^2}{c^2}-1\right)^2=0.$$

Diese Fläche ist also von der 6. Ordnung, der Anfangspunkt ist konischer Knotenpunkt, der Tangentenkegel des konischen Punktes hat die Gleichung

$$\frac{x^2}{a^2(l^2-a^2)}+\frac{y^2}{b^2(l^2-b^2)}+\frac{z^2}{c^2(l^2-c^2)}=0.$$

Für Werte von $l<c$ und $l>a$ ist der Knotenpunkt ein isolierter Punkt.

Im Unendlichen ist die Fläche imaginär.

Die Schnitte der Fläche mit den Koordinaten-Ebenen zerfallen in Kurven 4. Ordnung und in Ellipsen. Der Schnitt der Fläche mit der XY-Ebene z. B. gibt die Kurve:

$$l^4\left(\frac{x^2}{a^2}+\frac{y^2}{b^2}\right)+l^2\left(\frac{x^2}{a^2}+\frac{y^2}{b^2}-1\right)\left(\frac{b^2+c^2}{a^2}x^2+\frac{c^2+a^2}{b^2}y^2\right)$$
$$+a^2b^2c^2\left(\frac{x^2}{a^4}+\frac{y^2}{b^4}\right)\left(\frac{x^2}{a^2}+\frac{y^2}{b^2}-1\right)^2=0.$$

Die linke Seite lässt sich auch so schreiben:

$$\left[c^2\left(\frac{x^2}{a^2}+\frac{y^2}{b^2}-1\right)+l^2\right]\cdot\left[\left(\frac{x^2}{a^2}+\frac{y^2}{b^2}-1\right)\left(\frac{x^2}{a^4}+\frac{y^2}{b^4}\right)+\frac{l^2}{a^2b^2}\left(\frac{x^2}{a^2}+\frac{y^2}{b^2}\right)\right]=0.$$

Der 1. Faktor ergibt Null gesetzt eine Ellipse, der 2. Faktor den Ort der Mittelpunkte der Sehnen von der Länge $2l$ der Ellipse $\frac{x^2}{a^2}+\frac{y^2}{b^2}=1$.

Wir können auf der Fläche 6. Ordnung ein Kurvensystem finden, das uns die Form der Fläche leicht erkennen lässt.

Aus § 3 erhalten wir unmittelbar, wenn wir die Indices hinweglassen, die Formel:

$$r^2=l^2:\left(1-\frac{x^2}{a^2}-\frac{y^2}{b^2}-\frac{z^2}{c^2}\right) \quad \text{oder} \quad 1)\ \frac{x^2}{a^2}+\frac{y^2}{b^2}+\frac{z^2}{c^2}=1-\frac{l^2}{r^2},$$

ein zu dem gegebenen Ellipsoid ähnliches, ähnlich liegendes und konzentrisches Ellipsoid.

Eliminiert man ferner aus den Koordinaten des Mittelpunktes $x=\frac{a^2p}{P}\alpha \quad y=\frac{b^2p}{P}\beta \quad z=\frac{c^2p}{P}\gamma$ und der Relation I im § 2 die Richtungscosinus $\alpha\ \beta\ \gamma$, so erhalten wir

2) $\frac{x^2}{a^2(a^2-r^2)}+\frac{y^2}{b^2(b^2-r^2)}+\frac{z^2}{c^2(c^2-r^2)}=0$. Aus 1) und 2)

erhält man 3) $\frac{x^2}{a^2-r^2}+\frac{y^2}{b^2-r^2}+\frac{z^2}{c^2-r^2}=1-\frac{l^2}{r^2}$, die konfokale Fläche zu 1). Die Flächen, die durch 1 und 3 dargestellt sind, schneiden sich nach einer Kurve 4. Ordnung, welche Krümmungskurve für jede Fläche ist. Jedem Wert des Parameters r entspricht eine solche Krümmungslinie. Der Ort aller dieser Krümmungslinien ist unsere Fläche 6. Ordnung.

Wir betrachten das Kurvensystem für den Fall $l<c$.

Das Ellipsoid 1 wächst ähnlich mit wachsendem r.

Die Fläche 3 ist ein Ellipsoid, solange $r<c$. Beide Flächen haben keine reelle Kurve gemeinsam. Für $r=c$ geht die Fläche 3 über in die Ebene $z=0$, die Schnittkurve beider Flächen ist dann die Ellipse $\frac{x^2}{a^2}+\frac{y^2}{b^2}=1-\frac{l^2}{c^2}$.

Für $r>c$ und $r<b$ wird die Fläche 3 ein einschaliges Hyperboloid, für $r=b$ geht sie in die XZ-Ebene über, für $r>b$ in zweischalige Hyperboloide, für $r=a$ in die YZ-Ebene.

Wir erhalten also die Form der Fläche 6. Ordnung, wie sie in Fig. 1 angegeben ist (für den 1. Oktanten gezeichnet).

Die Fläche besteht aus 2 Mänteln, welche in den Punkten A zusammenhängen. Auf dem inneren Mantel sind Kurven 4. Ordnung, von der Art, wie sie von konfokalen Ellipsoiden und einschaligen Hyperboloiden ausgeschnitten werden, auf dem äusseren Mantel solche, wie sie von konfokalen Ellipsoiden und zweischaligen Hyperboloiden ausgeschnitten werden. Die Schnitte der Koordinaten-Ebenen mit der Fläche bestehen aus Ellipsen für die speziellen Werte $r=a$, $r=b$, $r=c$ und den ebenen Kurven 4. Ordnung (c_4), welche die Durchschnitte der Krümmungslinien mit den Koordinaten-Ebenen enthalten.

Die Punkte A ergeben sich als Schnittpunkte von

$$\frac{x^2}{a^2}+\frac{z^2}{c^2}=1-\frac{l^2}{b^2} \text{ und } \frac{x^2}{a^2-b^2}+\frac{z^2}{b^2-c^2}=1-\frac{l^2}{b^2},$$

sie liegen also auf den Durchmessern mit den Gleichungen:

$\frac{z}{x} = \pm \frac{c}{a} \sqrt{\frac{b^2 - c^2}{a^2 - b^2}}$, welche durch die Kreispunkte des Ellipsoides gehen.

Proiciert man das Kurvensystem auf der Fläche 6. Ordnung auf das ursprüngliche Ellipsoid, und zwar vom Anfangspunkt aus, so bilden die Projektionen das System von Krümmungslinien auf demselben.

Für den Fall $l = c$ erhalten wir die Form, wie sie in der Figur 2 dargestellt ist, die innere Mantelfläche ist zusammengeschnürt worden. Wird $l = b$, so ergibt sich Figur 3, der innere Mantel ist in den Anfangspunkt zurückgegangen.

Wir können die Fläche 6. Ordnung auch in Parameterform darstellen, indem wir zu den Flächen 1) $\frac{x^2}{a^2} + \frac{y^2}{b^2} + \frac{z^2}{c^2} = 1 - \frac{l^2}{r^2}$ und 3) $\frac{x^2}{a^2 - r^2} + \frac{y^2}{b^2 - r^2} + \frac{z^2}{c^2 - r^2} = 1 - \frac{l^2}{r^2}$ noch eine zur letzteren konfokale Fläche nehmen: $\frac{x^2}{a^2 - s^2} + \frac{y^2}{b^2 - s^2} + \frac{z^2}{c^2 - s^2} = 1 - \frac{l^2}{r^2}$.

Lösen wir nach $x^2 y^2 z^2$ auf, so erhalten wir:

$$\frac{x}{a} = \sqrt{\frac{(a^2 - r^2)(a^2 - s^2)}{(a^2 - b^2)(a^2 - c^2)}\left(1 - \frac{l^2}{r^2}\right)} \quad \frac{y}{b} = \sqrt{\frac{(b^2 - r^2)(b^2 - s^2)}{(b^2 - a^2)(b^2 - c^2)}\left(1 - \frac{l^2}{r^2}\right)}$$

$$\frac{z}{c} = \sqrt{\frac{(c^2 - r^2)(c^2 - s^2)}{(c^2 - a^2)(c^2 - b^2)}\left(1 - \frac{l^2}{r^2}\right)}.$$

Das ist also die Gleichung unserer Fläche 6. Ordnung in Parametern r und s.

Die Kurven $s = \text{const.}$ geben die Kurven 4. Ordnung auf der Fläche, welche zugleich Krümmungslinien der Flächen 1 und 3 sind.

Die Kurven $r = \text{const.}$ geben dasjenige System der Kurven, das die Kegel auf dem einen Mantel der Fläche ausschneiden, deren Spitze der Anfangspunkt ist und deren Erzeugenden durch die Kurven $s = \text{const.}$ auf dem andern Mantel gehen. Denn die Elimination von s ergibt unter anderm den Kegel

$$\frac{x^2}{a^2(a^2 - r^2)} + \frac{y^2}{b^2(b^2 - r^2)} + \frac{z^2}{c^2(c^2 - r^2)} = 0.$$

Die Kurven $s = \text{const.}$ bilden im affinen System die Orthogonaltrajektorien zu den Kurven $r = \text{const.}$

Denn es ist:

$$\frac{\partial \frac{x}{a}}{\partial r} = \frac{-\sqrt{a^2-s^2}}{\sqrt{(a^2-b^2)(a^2-c^2)(a^2-r^2)\left(1-\frac{l^2}{r^2}\right)}}\left(r+\frac{a^2 l^2}{r^2}\right) \text{ etc.}$$

$$\frac{\partial \frac{x}{a}}{\partial s} = \frac{-s\sqrt{(a^2-r^2)\left(1-\frac{l^2}{r^2}\right)}}{\sqrt{(a^2-b^2)(a^2-c^2)(a^2-s^2)}} \text{ etc.}$$

Somit:

$$\frac{\partial \frac{x}{a}}{\partial r}\cdot\frac{\partial \frac{x}{a}}{\partial s}+\frac{\partial \frac{y}{b}}{\partial r}\cdot\frac{\partial \frac{y}{b}}{\partial s}+\frac{\partial \frac{z}{c}}{\partial r}\cdot\frac{\partial \frac{z}{c}}{\partial s} = -s\,\Sigma\frac{\left(r+\frac{a^2 l^2}{r^2}\right)(b^2-c^2)}{(a^2-b^2)(b^2-c^2)(c^2-a^2)} = 0.$$

Anm. Setzt man die Diskrimante der Gleichung 2. Grades in Bezug auf l^2 am Anfange dieses §, in welcher l^2 als die Unbekannte angesehen wird, gleich Null, so erhält man den Ort der Mittelpunkte von Kreisen auf dem Ellipsoid. Also:

$$\left(\frac{b^2+c^2}{a^2}x^2+\frac{c^2+a^2}{b^2}y^2+\frac{a^2+b^2}{c^2}z^2\right)^2-4\left(\frac{x^2}{a^2}+\frac{y^2}{b^2}+\frac{z^2}{c^2}\right)\left(\frac{b^2c^2}{a^2}x^2+\frac{c^2a^2}{b^2}y^2+\frac{a^2b^2}{c^2}z^2\right)=0.$$

Dieser Kegel zerfällt in die 4 Ebenen:

$\frac{x}{a}\sqrt{b^2-c^2}\pm\frac{y}{b}\sqrt{c^2-a^2}\pm\frac{z}{c}\sqrt{a^2-b^2}=0$, welche sich in den reellen Geraden $y=0, \frac{x}{a}\sqrt{b^2-c^2}\pm\frac{z}{c}\sqrt{a^2-b^2}=0$ schneiden, Gerade, welche durch die Kreispunkte gehen.

---

§ 5.

Einhüllende der Ebenen von Ellipsen, welche auf einem Ellipsoid liegen, die eine Axe gleich haben, und deren Ebenen ein ihm ähnliches, ähnlich liegendes und konzentrisches Ellipsoid berühren.

Aus dem vorhergehenden § ergibt sich, dass für ein konstantes r die Mittelpunkte von Ellipsen, welche auf dem Ellipsoid

1) $\frac{x^2}{a^2}+\frac{y^2}{b^2}+\frac{z^2}{c^2}=1$ liegen und die eine Axe gleich der gegebenen Länge 2l haben, der Kurve angehören, nach welcher das Ellipsoid 2) $\frac{x^2}{a^2}+\frac{y^2}{b^2}+\frac{z^2}{c^2}=1-\frac{l^2}{r^2}$ von der ihr konfokalen Fläche 3) $\frac{x^2}{a^2-r^2}+\frac{y^2}{b^2-r^2}+\frac{z^2}{c^2-r^2}=1-\frac{l^2}{r^2}$ geschnitten wird.

Jede Ellipsenebene berührt das Ellipsoid 2, wie sich unmittelbar aus § 3 ergibt, die Axe von der Länge 2l hat die Richtung $\lambda:\mu:\nu=\frac{x_0}{a^2-r^2}:\frac{y_0}{b^2-r^2}:\frac{z_0}{c^2-r^2}$ (§ 2 II), wenn $x_0\, y_0\, z_0$ die Koordinaten des Mittelpunktes der Ellipse sind.

Diese Axe ist Normale zur Fläche 3, die zweite Axe der Ellipse ist daher Tangente an die Schnittkurve der Flächen 2 und 3 und hat die Länge $2ls:r$, wie man aus Formel I § 3 ersieht, wenn man für $x_0\, y_0\, z_0$ die in § 4 gefundenen Werte, in welchen x, y, z durch die Parameter r und s dargestellt sind, einsetzt. Wir haben also folgenden Satz:

Wenn man zu einem Ellipsoid ein konzentrisches, ähnliches und ähnlich gelegenes Ellipsoid konstruiert und zu diesem eine konfokale Fläche, so hat die Durchschnittslinie der beiden letzten Flächen die Eigenschaft, dass ihre Tangenten Axen von Ellipsen auf dem ersten Ellipsoid sind. Die zweiten Axen dieser Ellipsen sind normal zur konfokalen Fläche und gleich lang, die Ellipsenebene berührt das zweite Ellipsoid im Mittelpunkte der Ellipse*).

Die ersten Axen bilden eine abwickelbare Fläche, ebenso die zweiten Axen, weil diese die konfokale Fläche nach einer Krümmungslinie schneiden.

Letztere sind zugleich die Schnittgeraden von zwei benachbarten Ellipsen der oben genannten Eigenschaft. Denn rückt der Mittelpunkt auf der Krümmungslinie um ein unendlich

---

*) Zieht man durch den Anfangspunkt parallele Gerade zu den zweiten Axen, so schneiden jene aus beiden Ellipsoiden Durchmesser von konstanter Länge aus. cfr. *Salmon-Fiedler*, Analyt. Geometrie des Raumes I, Art. 164.

Kleines fort, so dreht sich die Ellipsen-Ebene um die zur Fortschreitungsrichtung konjugierte Gerade, in unserm Falle um die zweite Axe.

Wir wollen die abwickelbare Fläche, welche von den zweiten Axen gebildet wird, und welche zugleich die Einhüllende der Ebenen der zugehörigen Ellipsen ist, genauer betrachten. Nach einer bekannten Methode können wir so verfahren.

Die Richtung der Axe mit der Länge 2l ist:

$$\lambda : \mu : \nu = x : y : z = \frac{x_0}{a^2 - r^2} : \frac{y_0}{b^2 - r^2} : \frac{z_0}{c^2 - r^2}.$$

Die Koordinaten des Mittelpunktes $x_0 y_0 z_0$ befriedigen aber die Gleichung $\frac{x_0^2}{a^2(a^2 - r^2)} + \frac{y_0^2}{b^2(b^2 - r^2)} + \frac{z_0^2}{c^2(c^2 - r^2)} = 0$ (§ 4, 2).

Wir können demnach $x_0 y_0 z_0$ aus beiden Gleichungen eliminieren und erhalten den Asymptotenkegel der abwickelbaren Fläche $\frac{a^2 - r^2}{a^2} x^2 + \frac{b^2 - r^2}{b^2} y^2 + \frac{c^2 - r^2}{c^2} z^2 = 0$.

Die abwickelbare Fläche ist also die Einhüllende der Tangentialebenen, welche das Ellipsoid $\frac{x^2}{a^2} + \frac{y^2}{b^2} + \frac{z^2}{c^2} = 1 - \frac{l^2}{r^2}$ oder in Ebenenkoordinaten $a^2 \xi^2 + b^2 \eta^2 + c^2 \zeta^2 = \frac{r^2}{r^2 - l^2}$ und die Kurve im Unendlichen $\frac{a^2}{a^2 - r^2} \xi^2 + \frac{b^2}{b^2 - r^2} \eta^2 + \frac{c^2}{c^2 - r^2} \zeta^2 = 0$ berühren.

Die Fläche ist also 4. Klasse.

Jede Fläche der Schar

$$a^2 \xi^2 \left(1 - \frac{\lambda}{a^2 - r^2}\right) + b^2 \eta^2 \left(1 - \frac{\lambda}{b^2 - r^2}\right) + c^2 \zeta^2 \left(1 - \frac{\lambda}{c^2 - r^2}\right) = \frac{r^2}{r^2 - l^2}$$

oder in Punktkoordinaten

$$\frac{a^2 - r^2}{a^2 - r^2 - \lambda} \frac{x^2}{a^2} + \frac{b^2 - r^2}{b^2 - r^2 - \lambda} \frac{y^2}{b^2} + \frac{c^2 - r^2}{c^2 - r^2 - \lambda} \frac{z^2}{c^2} = 1 - \frac{l^2}{r^2}$$ wo λ ein variabeler Parameter ist, wird von den Tangentialebenen der abwickelbaren Fläche eingehüllt.

Es ergeben sich demnach folgende Doppelkurven der abwickelbaren Fläche in den Koordinaten-Ebenen:

1) In der YZ-Ebene:

$$-\frac{b^2-r^2}{a^2-b^2}\frac{y^2}{b^2}+\frac{r^2-c^2}{a^2-c^2}\cdot\frac{z^2}{c^2}=1-\frac{l^2}{r^2}\text{ für }\lambda=a^2-r^2\text{ und }x=0.$$

2) In der ZX-Ebene:

$$\frac{a^2-r^2}{a^2-b^2}\frac{x^2}{a^2}+\frac{r^2-c^2}{b^2-c^2}\frac{z^2}{c^2}=1-\frac{l^2}{r^2}\text{ für }\lambda=b^2-r^2\text{ und }y=0.$$

3) In der XY-Ebene:

$$\frac{a^2-r^2}{a^2-c^2}\frac{x^2}{a^2}+\frac{b^2-r^2}{b^2-c^2}\cdot\frac{y^2}{b^2}=1-\frac{l^2}{r^2}\text{ für }\lambda=c^2-r^2\text{ und }z=0.$$

Für $r>c$ und $r<b$ sind demna h die Doppelkurven in der YZ-Ebene eine Hyperbel, in der ZX-Ebene und in der XY-Ebene Ellipsen.

Für $r=b$ degeneriert die Hyperbel und die Ellipse in der XY-Ebene in Geradenpaare.

Für $r>b$ und $r<a$ erhalten wir 2 Ellipsen und eine Hyperbel als Doppelkurven.

Wir können auch die Rückkehrkante der abwickelbaren Fläche angeben.

Die Koordinaten eines Punktes der Rückkehrkante genügen der Gleichung:

$$\Sigma\frac{a^2-r^2}{a^2-r^2-\lambda}\frac{x^2}{a^2}=1-\frac{l^2}{r^2}\text{ und den Ableitungen nach }\lambda$$

$$\Sigma\frac{a^2-r^2}{(a^2-r^2-\lambda)^2}\frac{x^2}{a^2}=0\text{ und }\Sigma\frac{a^2-r^2}{(a^2-r^2-\lambda)^3}\frac{x^2}{a^2}=0,$$ wobei Σ das Summenzeichen bedeutet.

Lösen wir nach x y z auf, so erhalten wir

$$\frac{x^2}{a^2}=\frac{(a^2-r^2-\lambda)^3\left(1-\frac{l^2}{r^2}\right)}{(a^2-r^2)(a^2-b^2)(a^2-c^2)}\qquad\frac{y^2}{b^2}=\frac{(b^2-r^2-\lambda)^3\left(1-\frac{l^2}{r^2}\right)}{(r^2-b^2)(b^2-c^2)(a^2-b^2)}$$

$$\frac{z^2}{c^2}=\frac{(c^2-r^2-\lambda)^3\left(1-\frac{l^2}{r^2}\right)}{(c^2-r^2)(a^2-c^2)(b^2-c^2)}$$

Dadurch ist also die Rückkehrkante gegeben.

Die Projektion derselben auf die XY-Ebene nimmt, wenn $r>c$ und $r<b$, die Form einer Astroïs an mit der Gleichung:

$$\left(\frac{x}{a(a^2-b^2)}\sqrt{\frac{(a^2-r^2)(a^2-c^2)}{1-\frac{l^2}{r^2}}}\right)^{\frac{2}{3}}+\left(\frac{y}{b(a^2-b^2)}\sqrt{\frac{(b^2-r^2)(b^2-c^2)}{1-\frac{l^2}{r^2}}}\right)^{\frac{2}{3}}=1.$$

Man kann leicht beweisen — wie es der Fall sein muss*) —, dass die Spitzen der Rückkehrkurve auf den Doppelkurven liegen und die Tangenten in den Cuspidalpunkten der Rückkehrkurve zugleich Tangenten an die Doppelkurven sind.

Nimmt man statt des Ellipsoides 1 (am Anfang dieses §) ein ihm ähnliches, ähnlich gelegenes und konzentrisches Ellipsoid, behält aber das Ellipsoid 2 und die ihr konfokale Fläche 3 bei, so schneidet nach dem obigen Satze jede Tangentialebene an die Fläche 2 in einem der Schnittpunkte der Flächen 2 und 3 aus dem vorhingenannten Ellipsoid eine Ellipse aus, deren eine Axe eine konstante Länge hat.

Es gilt daher für die abwickelbare Fläche auch der Satz: Schneidet man auf den Erzeugenden der Fläche von der Krümmungslinie aus gleiche Strecken auf denselben ab, so liegen die Endpunkte derselben auf einem zum ursprünglichen ähnlichen, ähnlich liegenden und konzentrischen Ellipsoid.

Figur 4 stellt einen Teil der abwickelbaren Fläche mit den Doppelkurven und der Rückkehrkante dar für den Fall $r > c$ und $r < b$. In Figur 5 ist der Fall $r = b$ dargestellt, zwei Doppelkurven sind in Gerade degeneriert.

---

§ 6.

Flächengleiche Ellipsen auf einem Ellipsoid.

Der Inhalt einer Ellipse ist nach § 2 IV gegeben durch die Formel: $\frac{J}{\pi} = J_0 = \frac{abc}{P}\left(1 - \frac{p^2}{P^2}\right)$, wenn p die Entfernung der Ellipsenebene vom Anfangspunkt, P die Entfernung der ihr parallelen Tangentialebene an das Ellipsoid ist.

Sind $x_1\, y_1\, z_1$ die Koordinaten des Poles der Ellipse, so ergibt sich aus § 2:

$$1)\ \frac{x_1^2}{a^2} + \frac{y_1^2}{b^2} + \frac{z_1^2}{c^2} = \frac{P^2}{p^2} \qquad 2)\ \frac{x_1^2}{a^4} + \frac{y_1^2}{b^4} + \frac{z_1^2}{c^4} = \frac{1}{p^2}.$$

---

*) *Cremona*, Grundzüge einer allgemeinen Theorie der Oberflächen etc., von *Curtze* übersetzt. Berlin 1870. p. 14 Anmerkung.

Setzt man diese Werte in die Formel für den Inhalt ein und lässt bei $x_1 y_1 z_1$ die Indices hinweg, so erhalten wir die Gleichung der Fläche der Pole von Ellipsen auf dem Ellipsoid $\frac{x^2}{a^2}+\frac{y^2}{b^2}+\frac{z^2}{c^2}=1$ mit dem Inhalt $J=J_0\pi$.

Sie hat die Form:

$$3)\ J_0^2\left(\frac{x^2}{a^2}+\frac{y^2}{b^2}+\frac{z^2}{c^2}\right)^3=a^2b^2c^2\left(\frac{x^2}{a^2}+\frac{y^2}{b^2}+\frac{z^2}{c^2}-1\right)^2\left(\frac{x^2}{a^4}+\frac{y^2}{b^4}+\frac{z^2}{c^4}\right).$$

Die Fläche der Pole ist also 6. Ordnung. Sie hat im Anfangspunkt einen isolierten Doppelpunkt, die unendlich entfernte Ebene schneidet die Fläche nach einem doppelt zählenden Kegelschnitt und einem anderen. Denn der Asymptotenkegel hat die Form:

$$\left(\frac{x^2}{a^2}+\frac{y^2}{b^2}+\frac{z^2}{c^2}\right)^2\left(\frac{J_0^2-b^2c^2}{a^2}x^2+\frac{J_0^2-c^2a^2}{b^2}y^2+\frac{J_0^2-a^2b^2}{c^2}z^2\right)=0.$$

Daraus folgt reciprok:

Die Ebenen flächengleicher Ellipsen hüllen eine Fläche 6. Klasse ein, die unendlich entfernte Ebene ist isolierte Doppelebene, der Anfangspunkt ist Spitze eines Tangentialkegels 6. Klasse, der aber in einen doppelt zählenden Kegel 2. Klasse und einem andern Kegel 2. Klasse zerfällt.

Die Gleichung des letzteren ist in Ebenenkoordinaten:

$$\left(a^2-\frac{a^2b^2c^2}{J_0^2}\right)\xi^2+\left(b^2-\frac{a^2b^2c^2}{J_0^2}\right)\eta^2+\left(c^2-\frac{a^2b^2c^2}{J_0^2}\right)\zeta^2=0$$

oder in Punktkoordinaten, wenn wir nach der vorhin gegebenen Formel $\frac{a^2b^2c^2}{J_0^2}=P^2$ setzen, weil $p=0$ ist:

$$\frac{x^2}{a^2-P^2}+\frac{y^2}{b^2-P^2}+\frac{z^2}{c^2-P^2}=0.$$

Die Ebenen flächengleicher Ellipsen, welche durch den Mittelpunkt des Ellipsoides gehen, hüllen also konfokale Kegel 2. Klasse ein, und da P konstant ist, haben wir auch den Satz:

Legt man zu allen Tangentialebenen an das Ellipsoid, welche vom Mittelpunkt gleiche Entfernung P haben, parallele Ebenen durch den Mittelpunkt, so schneiden dieselben Ellipsen aus, welche flächengleich sind.

Auf der Fläche der Pole können wir folgendes Kurvensystem finden:

Das Ellipsoid 1 $\frac{x^2}{a^2}+\frac{y^2}{b^2}+\frac{z^2}{c^2}=\frac{P^2}{p^2}=\frac{abc}{abc-J_0 P}$ schneidet den Kegel $\frac{x^2}{a^4}(a^2-P^2)+\frac{y^2}{b^4}(b^2-P^2)+\frac{z^2}{c^4}(c^2-P^2)=0$, dessen Gleichung durch Verbindung der Gleichungen von 1 und 2 erhalten wird, nach einer Kurve, welche auf der Fläche der Pole liegt.

Jedem Werte des Parameters P entspricht eine bestimmte Kurve. Alle Punkte derselben sind von den ihnen entsprechenden Polarebenen in Bezug auf das Ellipsoid gleich weit entfernt, die Entfernung ist gegeben durch den Ausdruck $(P^2-p^2):p$.

Denn die Entfernung des Poles $x_1 y_1 z_1$ von seiner Polarebene $\frac{xx_1}{a^2}+\frac{yy_1}{b^2}+\frac{zz_1}{c^2}=1$ ist gegeben durch

$$\left(\frac{x_1^2}{a^2}+\frac{y_1^2}{b^2}+\frac{z_1^2}{c^2}-1\right):\sqrt{\frac{x_1^2}{a^4}+\frac{y_1^2}{b^4}+\frac{z_1^2}{c^4}}=\frac{P^2-p^2}{p}.$$

Da P konstant ist für alle Punkte der Kurve, so muss auch p einen konstanten Wert haben (s. 1).

Der Kegel zerfällt für $P=b$ in ein reelles Ebenenpaar, welche das zugehörige Ellipsoid nach Ellipsen schneidet, die also auf der Fläche der Pole liegen.

Die Fläche besteht aus 2 getrennten Mänteln, von denen der eine ganz innerhalb des Ellipsoides $\frac{x^2}{a^2}+\frac{y^2}{b^2}+\frac{z^2}{c^2}=1$ gelegen ist, der andere ganz ausserhalb desselben. Denn die Gleichung der Fläche in der expliciten Form 3, welche J_0 quadratisch enthält, entsteht nicht nur durch Elimination von P aus dem System $\frac{x^2}{a^2}+\frac{y^2}{b^2}+\frac{z^2}{c^2}=\frac{abc}{abc-J_0 P}$ und

$$\frac{x^2}{a^4}(a^2-P^2)+\frac{y^2}{b^4}(b^2-P^2)+\frac{z^2}{c^4}(c^2-P^2)=0,$$

sondern auch aus dem System $\frac{x^2}{a^2}+\frac{y^2}{b^2}+\frac{z^2}{c^2}=\frac{abc}{abc+J_0 P}$ und

$$\frac{x^2}{a^4}(a^2-P^2)+\frac{y^2}{b^4}(b^2-P^2)+\frac{z^2}{c^4}(c^2-P^2)=0.$$

Im zweiten Falle ist also J_0 negativ geworden.

Da $J_0 = \frac{abc}{P}\left(1 - \frac{p^2}{P^2}\right)$ nach § 2, IV, so ist J_0 positiv, solange, P immer positiv vorausgesetzt, $p < P$ ist, solange es also reelle Ellipsen gibt.

Ist $p > P$, so werden die Ellipsen imaginär, J_0 demnach negativ.

Machen wir die reciproken Betrachtungen zu den vorstehenden, so ergibt sich:

Einer Kurve $P = \text{const.}$ auf der Fläche der Pole entspricht eine abwickelbare Fläche, deren Tangentialebenen die Flächen

$$1a)\quad a^2\xi^2 + b^2y^2 + c^2\zeta^2 = \frac{abc}{abc - J_0 P} \quad \text{und}$$

$$2a)\quad \xi^2(a^2 - P^2) + \eta^2(b^2 - P^2) + \zeta^2(c^2 - P^2) = 0$$

berühren, somit auch die Fläche $\xi^2 + \eta^2 + \zeta^2 = \frac{abc}{abc - J_0 P} \cdot \frac{1}{P^2}$.

Es schneiden also die Tangentialebenen an das Ellipsoid

$$\frac{x^2}{a^2} + \frac{y^2}{b^2} + \frac{z^2}{c^2} = \frac{abc - J_0 P}{abc}$$

und an die Kugel $x^2 + y^2 + z^2 = \frac{abc - J_0 P}{abc} \cdot P^2$ aus dem Ellipsoid $\frac{x^2}{a^2} + \frac{y^2}{b^2} + \frac{z^2}{c^2} = 1$ flächengleiche Ellipsen mit dem Inhalt J_0 aus.

Wir können somit den Satz aussprechen:

Die gemeinsamen Tangentialebenen an eine Kugel und ein mit ihr konzentrisches Ellipsoid schneiden aus einem demselben ähnlichen, ähnlich gelegenen und konzentrischen Ellipsoid flächengleiche Ellipsen aus.

Für die Einhüllende dieser Tangentialebenen ergeben sich die gleichen Betrachtungen wie für die abwickelbare Fläche des § 5.

§ 7.

Ort der Mittelpunkte und Pole von ähnlichen Ellipsen auf einem Ellipsoid.

Aus Relation V § 2 erhält man für die den Asymptotenwinkel charakterisierende Grösse τ den Wert:

$$\tau = \frac{2P}{abc\left(\frac{1}{a^2}+\frac{1}{b^2}+\frac{1}{c^2}-\frac{1}{R^2}\right)} = \frac{2\,l_1 l_2}{l_1^2+l_2^2}.$$

Aus Relation I § 3 ergibt sich, wenn l^2 als die Unbekannte angesehen wird und die Indices wegbleiben:

$$l_1^2+l_2^2 = -\frac{\left(\frac{x^2}{a^2}+\frac{y^2}{b^2}+\frac{z^2}{c^2}-1\right)\left(\frac{b^2+c^2}{a^2}x^2+\frac{c^2+a^2}{b^2}y^2+\frac{a^2+b^2}{c^2}z^2\right)}{\frac{x^2}{a^2}+\frac{y^2}{b^2}+\frac{z^2}{c^2}}$$

und $$l_1^2 l_2^2 = \frac{a^2b^2c^2\left(\frac{x^2}{a^4}+\frac{y^2}{b^4}+\frac{z^2}{c^4}\right)\left(\frac{x^2}{a^2}+\frac{y^2}{b^2}+\frac{z^2}{c^2}-1\right)^2}{\frac{x^2}{a^2}+\frac{y^2}{b^2}+\frac{z^2}{c^2}}.$$

Setzen wir diese Werte in die Formel für τ ein, so erhalten wir nach Vereinfachung der Gleichung:

$$4a^2b^2c^2\left(\frac{x^2}{a^4}+\frac{y^2}{b^4}+\frac{z^2}{c^4}\right)\left(\frac{x^2}{a^2}+\frac{y^2}{b^2}+\frac{z^2}{c^2}\right)$$
$$-\tau^2\left(x^2\frac{b^2+c^2}{a^2}+y^2\frac{c^2+a^2}{b^2}+z^2\frac{a^2+b^2}{c^2}\right)^2=0,$$

also einen Kegel 4. Ordnung, auf dem die Mittelpunkte und Pole von ähnlichen Ellipsen auf dem Ellipsoid liegen.

Ist $l_1 = l_2$, so ist $\tau = 1$, die Kegelgleichung geht in jene der Anmerkung des § 4 über.

Wir wollen die Gestalt des Kegels genauer untersuchen.

Die Schnittkurve des Kegels 4. Ordnung mit dem Ellipsoid $\frac{x^2}{a^2}+\frac{y^2}{b^2}+\frac{z^2}{c^2}=1$ hat die Eigenschaft, dass die unendlich kleinen Ellipsen, welche die Tangentialebenen an das Ellipsoid in Punkten dieser Kurve aus ihm ausschneiden, einander ähnlich sind. Daher sind also die Indikatricen der Punkte der Schnittkurve ähnlich, diese ist somit der Ort der Punkte, für welche das Verhältnis der Hauptkrümmungsradien ein konstantes ist.

Wir suchen die Projektion der Kurve auf die XY-Ebene.

Indem wir $\frac{z^2}{c^2} = 1 - \frac{x^2}{a^2} - \frac{y^2}{b^2}$ setzen, geht die Kegelgleichung über in:

$$4a^2b^2\left(1 - x^2\frac{a^2-c^2}{a^4} - y^2\frac{b^2-c^2}{b^2}\right) - \tau^2\left(a^2 + b^2 - x^2\frac{a^2-c^2}{a^2}\right.$$
$$\left. - y^2\frac{b^2-c^2}{b^4}\right)^2 = 0.$$

Das ist also die Gleichung der Projektionskurve. Ihre Schnittpunkte mit der X-Axe ergeben sich aus:

$$x^2 = \left[\frac{a^2}{b^2} - \left(\frac{1 \pm \sqrt{1-\tau^2}}{\tau}\right)^2\right] \cdot \frac{a^2b^2}{a^2-c^2}$$

mit der Y-Axe aus:

$$y^2 = \left[\frac{b^2}{a^2} - \left(\frac{1 \pm \sqrt{1-\tau^2}}{\tau}\right)^2\right] \frac{a^2b^2}{b^2-c^2}.$$

Da $\tau^2 = \frac{4 l_1^2 l_2^2}{(l_1^2 + l_2^2)^2}$, so ist τ^2 immer positiv und < 1, ferner stellt $\frac{1 + \sqrt{1-\tau^2}}{\tau}$ das Verhältnis der Axen der Ellipse dar, also $\frac{l_1}{l_2}$.

Wir nehmen im folgenden stets $l_1 > l_2$ an, also $l_1 : l_2 > 1 > l_2 : l_1$.

Es existieren dann 4 reelle Schnittpunkte auf der X-Axe, keine reellen Schnittpunkte auf der Y-Axe, wenn $\frac{l_1}{l_2} < \frac{a}{b}$,

es liegen auf der X- und Y-Axe je 2 reelle Schnittpunkte, wenn $\frac{l_1}{l_2} > \frac{a}{b}$.

Ein Grenzfall ist $l_1 = l_2$, also $\tau = 1$. Dann geht x über in $\pm a\sqrt{(a^2-b^2):(a^2-c^2)}$, die Abscissen der Projektionen der beiden Kreispunkte des Ellipsoids. y wird imaginär.

Ein zweiter Grenzfall ist $\frac{l_1}{l_2} = \frac{a}{b}$. In diesem Falle ergeben sich die Werte: $x_1 = 0 \quad x_2 = \pm\sqrt{(a^4-b^4):(a^2-c^2)}$; hiebei ist $(a^4-b^4):(a^2-c^2) \gtreqless a^2$, je nachdem $b^2 \lesseqgtr ac$.

Auf der Y-Axe ist nur der Anfangspunkt reell. Die Kurve hat einen Doppelpunkt mit den Tangenten $\frac{y}{x} = \pm \frac{b^2}{a^2} \sqrt{\frac{a^2 - c^2}{b^2 - c^2}}$.

Wir sind nun im Stande, uns ein Bild von den Projektionskurven in der XY-Ebene zu machen. Die Figuren 6, 7, 8 stellen dieselben dar für die 3 Fälle $b^2 > ac$, $b^2 = ac$ und $b^2 < ac$. Die Kurve, welche im Anfangspunkt einen Doppelpunkt hat, entspricht dem Fall $\frac{l_1}{l_2} = \frac{a}{b}$, für Kurven innerhalb derselben ist $\frac{l_1}{l_2} < \frac{a}{b}$, für Kurven ausserhalb $\frac{l_1}{l_2} > \frac{a}{b}$. Die gestrichelten Teile der Kurven fallen ausserhalb der Ellipse $\frac{x^2}{a^2} + \frac{y^2}{b^2} = 1$.

Aus den Projektionen erhalten wir nun leicht die ungefähre Gestalt der Kurven auf dem Ellipsoid. Dieselben sind in Figur 9 nur auf dem oberen, vorderen Teil des Ellipsoides gezeichnet und zwar für den Fall $1 < \frac{l_1}{l_2} \leqq \frac{a}{b} < \frac{b}{c}$.

Die ähnlichen Ellipsen, deren Ebenen durch den Mittelpunkt des Ellipsoides gehen, hüllen einen Kegel 4. Klasse ein, wie aus den reciproken Betrachtungen hervorgeht. Figur 10 und 11 geben den Schnitt eines solchen Kegels mit dem Ellipsoid für obigen Fall.

---

§ 8.

Beziehungen, welche zwischen den Axen zweier benachbarter Ellipsen auf einem Ellipsoid bestehen.

Bevor wir zu den kongruenten Ellipsen übergehen, wollen wir unsere Untersuchungen ausdehnen auf die Beziehungen, welche zwischen den Axen zweier benachbarter Ellipsen bestehen, und davon Anwendung machen auf unsere speziellen Fälle.

Wir wollen zuvor folgenden Hilfsatz beweisen:

Die senkrechte Projektion einer Ellipse auf eine zu ihrer Ebene benachbarten Ebene ist in ihren Dimensionen nur um ein unendlich Kleines von der 2. Ordnung von der Ellipse verschieden, kann also als kongruent mit ihr angesehen werden.

Denken wir uns die Axen proiciert, so sind ihre Projektionen jedenfalls konjugierte Durchmesser der proicierten Ellipse. Wir haben nur noch zu zeigen, dass diese Projektionen senkrecht zu einander stehen.

Es seien $\alpha_1 \beta_1 \gamma_1$ die Richtungswinkel der einen Axe der Ellipse mit den 3 Koordinatenaxen, $\alpha_2 \beta_2 \gamma_2$ die Richtungswinkel der anderen Axe, der Mittelpunkt der Ellipse falle in den Koordinaten-Anfangspunkt, dann ist $\cos\alpha_1 \cos\alpha_2 + \cos\beta_1 \cos\beta_2 + \cos\gamma_1 \cos\gamma_2 = 0$.

Für den Winkel ϑ, den die Projektionen der Axen auf die XY-Ebene miteinander bilden, gilt der Ausdruck:

$$\cos\vartheta = \operatorname{ctg}\gamma_1 \operatorname{ctg}\gamma_2.$$

Die Gleichung einer Ebene, welche durch den Anfangspunkt geht und der XY-Ebene benachbart ist, kann in der Form geschrieben werden: $x\frac{dp}{m} + y\frac{dp}{n} + z = 0$, wo m und n endlich, dp unendlich klein von der 1. Ordnung ist.

Soll diese Ebene zugleich Ebene der Ellipse sein, so müssen die Gleichungen $\cos\alpha_1 \frac{dp}{m} + \cos\beta_1 \frac{dp}{n} + \cos\gamma_1 = 0$ und $\cos\alpha_2 \frac{dp}{m} + \cos\beta_2 \frac{dp}{n} + \cos\gamma_2 = 0$ erfüllt sein. Daraus folgt, dass $\cos\gamma_1$ und $\cos\gamma_2$ unendlich klein sind von der 1. Ordnung, es ist somit auch $\operatorname{ctg}\gamma_1$ und $\operatorname{ctg}\gamma_2$ unendlich klein von der 1. Ordnung, somit $\cos\vartheta = \operatorname{ctg}\gamma_1 \operatorname{ctg}\gamma_2$ unendlich klein von der 2. Ordnung.

Wir dürfen also, wenn wir uns auf unendlich Kleines 1. Ordnung beschränken, $\cos\vartheta$ als Null, ϑ als 90^0 voraussetzen und der Fehler, den wir dabei machen, ist höchstens von der 2. Ordnung.

Es proicieren sich also die Axen der Ellipse wieder als Axen ihrer Projektion. Da sich auch die Projektionen der Axenlängen nur um unendlich Kleines 2. Ordnung von den ursprünglichen Längen unterscheiden, so bleiben also durch die Projektion Axen und Axenlängen erhalten, wir können somit die Projektion der Ellipse als kongruent zu ihr ansehen. Der dabei gemachte Fehler ist höchstens von der 2. Ordnung.

Dieses vorausgesetzt, wollen wir nun die Axenlängen einer Ellipse auf dem Ellipsoid berechnen, die einer andern Ellipse auf demselben benachbart ist, und dabei nur Grössen, die unendlich klein sind von der 1. Ordnung, berücksichtigen.

Es sei die Gleichung des Ellipsoides — die Durchführung gilt für jede Mittelpunktsfläche 2. Ordnung —

$$1)\ \frac{x^2}{l_1^2}+\frac{y^2}{l_2^2}+\frac{z^2}{c^2}+\frac{2xz}{d^2}+\frac{2yz}{f^2}+\frac{2z}{g}-1=0.$$

Die Fläche schneidet also die XY-Ebene nach der Ellipse

$$\frac{x^2}{l_1^2}+\frac{y^2}{l_2^2}=1.$$

Die Gleichung einer zur XY-Ebene benachbarten Ebene sei

$2)\ \frac{x}{m}+\frac{y}{n}+\frac{z}{dp}=1$, wo m und n die endlichen Abschnitte auf der X- und Y-Axe sind, dp der unendlich kleine Abschnitt auf der Z-Axe ist.

Wir kennen nun nach dem Hilfsatz die Axen der Ellipse, welche diese Ebene aus der Fläche ausschneidet, sobald wir die Axen ihrer Projektion auf die XY-Ebene berechnet haben.

Durch Elimination von z aus 1 und 2 erhalten wir die Gleichung der Projektion:

$$3)\ x^2\left(\frac{1}{l_1^2}-\frac{2}{d^2}\cdot\frac{dp}{m}\right)+y^2\left(\frac{1}{l_2^2}-\frac{2}{f^2}\frac{dp}{n}\right)-2\,xy\,dp\left(\frac{1}{d^2 n}+\frac{1}{f^2 m}\right)$$
$$+2\,x\,dp\left(\frac{1}{d^2}-\frac{1}{gm}\right)+2\,y\,dp\left(\frac{1}{f^2}-\frac{1}{gn}\right)+2\frac{dp}{g}-1=0.$$

Da die Gleichung eines Kegelschnittes

$$a_{11}x^2+2a_{12}xy+a_{22}y^2+2a_{13}x+2a_{23}y+a_{33}=0$$

in ihrer einfachsten Form auf die Gleichung

$$\lambda_1 X^2+\lambda_2 Y^2+\frac{\Delta}{\Delta'}=0$$

zurückgeführt werden kann, wobei

λ_1 und λ_2 Wurzeln der Gleichung $\begin{vmatrix} a_{11}-\lambda & a_{12} \\ a_{12} & a_{22}-\lambda \end{vmatrix}=0,$

$$\Delta=\begin{vmatrix} a_{11} & a_{12} & a_{13} \\ a_{12} & a_{22} & a_{23} \\ a_{13} & a_{23} & a_{33} \end{vmatrix} \quad \text{und } \Delta'=\begin{vmatrix} a_{11} & a_{12} \\ a_{12} & a_{22} \end{vmatrix},$$

so erhalten wir, wenn wir die Koëfficienten von 3 in diese Reduktionsformeln einsetzen und die Glieder mit dp^2 vernachlässigen:

$$\left(\frac{1}{l_1^2}-\frac{2}{d^2}\frac{dp}{m}-\lambda_1\right)\left(\frac{1}{l_2^2}-\frac{2}{f^2}\frac{dp}{n}-\lambda_2\right)=0.$$

$$\frac{\Delta}{\Delta'}=2\frac{dp}{g}-1.$$

Gleichung 3 geht somit nach der Reduktion auf die Haupt-Axen über in:

$$\left(\frac{1}{l_1^2}-\frac{2}{d^2}\cdot\frac{dp}{m}\right)X^2+\left(\frac{1}{l_2^2}-\frac{2}{f^2}\frac{dp}{n}\right)Y^2+2\frac{dp}{g}-1=0.$$

Also ist, wenn $2L_1$ und $2L_2$ die Axenlängen der Ellipse bedeuten, welche die Ebene $\frac{x}{m}+\frac{y}{n}+\frac{z}{dp}=1$ aus der Fläche $\frac{x^2}{a^2}+\frac{y^2}{b^2}+\frac{z^2}{c^2}=1$ ausschneidet,

$$L_1^2=\frac{1-2\frac{dp}{g}}{\frac{1}{l_1^2}-\frac{2\,dp}{d^2m}}=l_1^2-2\,dp\,l_1^2\left(\frac{1}{g}-\frac{l_1^2}{d^2m}\right)+\ldots\ldots \text{ Glieder}$$

höheren Grades in dp,

$$\text{oder } L_1=l_1\left[1-dp\left(\frac{1}{g}-\frac{l_1^2}{d^2m}\right)\right]$$

$$\text{ebenso } L_2=l_2\left[1-dp\left(\frac{1}{g}-\frac{l_2^2}{f^2n}\right)\right].$$

Wir werden nun von der Ellipse mit der Gleichung $\frac{x}{l_1^2}+\frac{y^2}{l_2^2}=1$ sagen können, dass sie die eine Axe l_1 der Axe L_1 der in der Ebene $\frac{x}{m}+\frac{y}{n}+\frac{z}{dp}=1$ liegenden Ellipse gleich habe, wenn l_1 und L_1 bis auf unendlich Kleines 2. Ordnung zusammenstimmen, also $l_1=L_1$, dass beide Ellipsen kongruent sind, wenn ebenso $l_1=L_1$ und $l_2=L_2$, flächengleich, wenn $l_1 l_2=L_1 L_2$, ähnlich, wenn $\frac{L_1}{L_2}=\frac{l_1}{l_2}$.

Die benachbarte Ebene, welche eine der Ellipse $\frac{x^2}{l_1^2}+\frac{y^2}{l_2^2}=1$ kongruente Ellipse ausschneidet, muss demnach die X- und Y-Axe in Abständen m und n vom Anfangspunkt schneiden, welche den Bedingungen genügen:

$$4)\quad \frac{1}{g}-\frac{l_1^2}{d^2m}=0 \qquad\qquad \frac{1}{g}-\frac{l_2^2}{f^2n}=0.$$

Schneidet sie eine flächengleiche Ellipse aus, so besteht die Bedingung

5) $\frac{2}{g} = \frac{l_1^2}{d^2 m} + \frac{l_2^2}{f^2 n}$, endlich für eine ähnliche Ellipse:

6) $\frac{l_1^2}{d^2 m} - \frac{l_2^2}{f^2 n} = 0.$

---

§ 9.

Geometrische Deutung der im § 8 gefundenen Bedingungen.

Man ersieht, dass die Grösse c in der Gleichung 1 der Fläche 2. Ordnung § 8 in die Formeln nicht eingeht. Die Betrachtungen gelten also für das ganze Büschel von Flächen 2. Ordnung, welches durch die beiden benachbarten Ellipsen bestimmt ist.

Um die Bedeutung der übrigen Koëfficienten der Fläche 2. Ordnung

$$\frac{x^2}{l_1^2} + \frac{y^2}{l_2^2} + \frac{z^2}{c^2} + \frac{2\,xz}{d^2} + \frac{2\,yz}{f^2} + \frac{2\,z}{g} - 1 = 0$$

kennen zu lernen, suchen wir die Koordinaten $x_1\, y_1\, z_1$ des Poles der XY-Ebene in Bezug auf die Fläche.

Diese sind: $x_1 = -\frac{l_1^2 g}{d} \quad y_1 = -\frac{l_2^2 g}{f^2} \quad z_1 = g.$

Damit gehen die Bedingungen 4, 5, 6 des § 8 über in:

1) $m = -x_1 \quad n = -y_1$ für kongruente Ellipsen,

2) $\frac{x_1}{m} + \frac{y_1}{n} + 2 = 0$ für flächengleiche Ellipsen,

3) $\frac{x_1}{m} - \frac{y_1}{n} = 0$ für ähnliche Ellipsen.

Gleichung 2 definiert, wenn wir m und n variabel nehmen, einen Punkt mit den Koordinaten $-\frac{x_1}{2}\ -\frac{y_1}{2}$, Gleichung 3 den unendlich entfernten Punkt einer Geraden mit dem Richtungskoëfficient $\operatorname{tg} \alpha = -\frac{y_1}{x_1}$.

Ist also in der Figur 12 P_1 die senkrechte Projektion des Poles der Ellipse $\frac{x_1^2}{l_1^2}+\frac{y_1^2}{l_2^2}=1$ in Bezug auf das Ellipsoid, so ist AB die Gerade, nach welcher die Ebene der benachbarten kongruenten Ellipse schneidet, durch Punkt A gehen die Ebenen von benachbarten flächengleichen Ellipsen, die Ebenen von benachbarten ähnlichen Ellipsen schneiden nach Parallelen zu AB. Durch die Punkte C und D gehen die Ebenen benachbarter Ellipsen, welche die eine Axe von der Länge $2\,l_1$ resp. $2\,l_2$ haben.

Man kann die gefundenen Sätze dazu benützen, die Einhüllende der Ebenen kongruenter oder flächengleicher Ellipsen, oder von solchen Ellipsen, welche die eine Axe gleich haben, in Punktkoordinaten darzustellen.

---

§ 10.

Ort der Mittelpunkte und Pole kongruenter Ellipsen auf einem Ellipsoid.

Polkurven und Polkegel.

Nach § 4, Gleichung 1 und 3 liegt der Mittelpunkt einer Ellipse mit der Halbaxe l_1 auf der Kurve mit den Gleichungen:

$$\frac{x^2}{a^2}+\frac{y^2}{b^2}+\frac{z^2}{c^2}=1-\frac{l_1^2}{r_1^2},\quad \frac{x^2}{a^2-r_1^2}+\frac{y^2}{b^2-r_1^2}+\frac{z^2}{c^2-r_1^2}=1-\frac{l_1^2}{r_1^2},$$

wo r_1 variabler Parameter ist.

Ebenso liegt der Mittelpunkt einer Ellipse mit der Halb-Axe l_2 auf der Kurve mit den Gleichungen:

$$\frac{x^2}{a^2}+\frac{y^2}{b^2}+\frac{z^2}{c^2}=1-\frac{l_2^2}{r_2^2}\quad \frac{x^2}{a^2-r_2^2}+\frac{y^2}{b^2-r_2^2}+\frac{z^2}{c^2-r_2^2}=1-\frac{l_2^2}{r_2^2}.$$

Fallen beide Ellipsen zusammen, so muss $\frac{l_1}{r_1}=\frac{l_2}{r_2}$ sein. Setzen wir dieses Verhältnis gleich $\frac{1}{\mu}$, so gehen beide Gleichungssysteme über in:

$$\left.\begin{array}{l}\frac{x^2}{a^2}+\frac{y^2}{b^2}+\frac{z^2}{c^2}=1-\frac{1}{\mu^2}\\ \frac{x^2}{a^2-\mu^2 l_1{}^2}+\frac{y^2}{b^2-\mu^2 l_1{}^2}+\frac{z^2}{c^2-\mu^2 l_1{}^2}=1-\frac{1}{\mu^2}\\ \frac{x^2}{a^2-\mu^2 l_2{}^2}+\frac{y^2}{b^2-\mu^2 l_2{}^2}+\frac{z^2}{c^2-\mu^2 l_2{}^2}=1-\frac{1}{\mu^2}\end{array}\right\} \ldots\ldots 1.$$

Aus den Gleichungen 1 kann man also den Ort der Mittelpunkte der kongruenten Ellipsen mit den Halbaxen l_1 und l_2 berechnen.

Lösen wir die Gleichungen nach x^2 y^2 z^2 auf, so erhalten wir:

$$\left.\begin{array}{l}\frac{x^2}{a^2}=\frac{(a^2-\mu^2 l_1{}^2)(a^2-\mu^2 l_2{}^2)}{(a^2-b^2)\quad(a^2-c^2)}\left(1-\frac{1}{\mu^2}\right)\\ \frac{y^2}{b^2}=\frac{(b^2-\mu^2 l_1{}^2)(b^2-\mu^2 l_2{}^2)}{(b^2-a^2)\quad(b^2-c^2)}\left(1-\frac{1}{\mu^2}\right)\\ \frac{z^2}{c^2}=\frac{(c^2-\mu^2 l_1{}^2)(c^2-\mu^2 l_2{}^2)}{(c^2-a^2)\quad(c^2-b^2)}\left(1-\frac{1}{\mu^2}\right)\end{array}\right\} \ldots 2 \quad \text{Parameter } \mu.$$

Diese Kurve ist 12. Ordnung, denn sie schneidet eine beliebige Ebene in 12 Punkten, weil die resultierende Gleichung vom 12. Grad in μ^2 ist.

Die Kurve hat im Anfangspunkt ($\mu^2 = 1$) einen vierfachen Punkt.

Für die Kurve der Pole von kongruenten Ellipsen erhält man unter Benützung der Formeln II § 3

$$\left.\begin{array}{l}\frac{x^2}{a^2}=\frac{(a^2-\mu^2 l_1{}^2)(a^2-\mu^2 l_2{}^2)}{(a^2-b^2)(a^2-c^2)\left(1-\frac{1}{\mu^2}\right)}\\ \frac{y^2}{b^2}=\frac{(b^2-\mu^2 l_1{}^2)(b^2-\mu^2 l_2{}^2)}{(b^2-a^2)(b^2-c^2)\left(1-\frac{1}{\mu^2}\right)}\\ \frac{z^2}{c^2}=\frac{(c^2-\mu^2 l_1{}^2)(c^2-\mu^2 l_2{}^2)}{(c^2-a^2)(c^2-b^2)\left(1-\frac{1}{\mu^2}\right)}\end{array}\right\} \ldots\ldots 3.$$

Diese Kurve ist 12. Ordnung.

Damit ergibt sich reciprok, dass die Einhüllende der Ebenen kongruenter Ellipsen auf einem Ellipsoid von der 12. Klasse ist.

Es zeigt sich für das Folgende die Einführung eines neuen Parameters von Vorteil.

Setzen wir statt μ den Wert $\frac{\mu}{\varkappa}$

statt l_1 und l_2 die Werte $\varkappa l_1$ und $\varkappa l_2$,

so geht das System 2 und 3 über in:

$$\left.\begin{aligned}
\frac{x^2}{a^2} &= \frac{(a^2-\mu^2 l_1^2)\,(a^2-\mu^2 l_2^2)}{(a^2-b^2)\,(a^2-c^2)}\left(1-\frac{\varkappa^2}{\mu^2}\right)\\
\frac{y^2}{b^2} &= \frac{(b^2-\mu^2 l_1^2)\,(b^2-\mu^2 l_2^2)}{(b^2-a^2)\,(b^2-c^2)}\left(1-\frac{\varkappa^2}{\mu^2}\right)\\
\frac{z^2}{c^2} &= \frac{(c^2-\mu^2 l_1^2)\,(c^2-\mu^2 l_2^2)}{(c^2-a^2)\,(c^2-b^2)}\left(1-\frac{\varkappa^2}{\mu^2}\right)
\end{aligned}\right\}\ldots 2a$$

Gleichungen der Kurve der Mittelpunkte von kongruenten Ellipsen mit den Halbaxen $\varkappa l_1$ und $\varkappa l_2$.

$$\left.\begin{aligned}
\frac{x^2}{a^2} &= \frac{(a^2-\mu^2 l_1^2)\,(a^2-\mu^2 l_2^2)}{(a^2-b^2)\,(a^2-c^2)\left(1-\frac{\varkappa^2}{\mu^2}\right)}\\
\frac{y^2}{b^2} &= \frac{(b^2-\mu^2 l_1^2)\,(b^2-\mu^2 l_2^2)}{(b^2-a^2)\,(b^2-c^2)\left(1-\frac{\varkappa^2}{\mu^2}\right)}\\
\frac{z^2}{c^2} &= \frac{(c^2-\mu^2 l_1^2)\,(c^2-\mu^2 l_2^2)}{(c^2-a^2)\,(c^2-b^2)\left(1-\frac{\varkappa^2}{\mu^2}\right)}
\end{aligned}\right\}\ldots 3a$$

Gleichungen der Kurve der Pole von kongruenten Ellipsen mit den Halbaxen $\varkappa l_1$ und $\varkappa l_2$.

Sind die Parameter μ und $\varkappa$ variabel, so stellt das System 2a oder 3a den in § 7 gefundenen Kegel dar.

Die Kurven $\mu = \text{const.}$ geben die Erzeugenden desselben, die Kurven $\varkappa = \text{const.}$ geben den Ort der Mittelpunkte oder Pole von kongruenten Ellipsen.

Für $\varkappa = 0$ erhalten wir den Schnitt des Kegels mit dem Ellipsoid $\frac{x^2}{a^2}+\frac{y^2}{b^2}+\frac{z^2}{c^2}=1$; nämlich:

$$\left.\begin{aligned}
\frac{x^2}{a^2} &= \frac{(a^2-\mu^2 l_1^2)\,(a^2-\mu^2 l_2^2)}{(a^2-b^2)\,(a^2-c^2)} \equiv \frac{X^2}{a^2}\\
\frac{y^2}{b^2} &= \frac{(b^2-\mu^2 l_1^2)\,(b^2-\mu^2 l_2^2)}{(b^2-a^2)\,(b^2-c^2)} \equiv \frac{Y^2}{b^2}\\
\frac{z^2}{c^2} &= \frac{(c^2-\mu^2 l_1^2)\,(c^2-\mu^2 l_2^2)}{(c^2-a^2)\,(c^2-b^2)} \equiv \frac{Z^2}{c^2}
\end{aligned}\right\}\ldots 4$$

Gleichungen des Ortes der Mittelpunkte oder Pole von Ellipsen mit unendlich kleinen Axen und dem Axenverhältnis $l_1 : l_2$.

Der Schnitt gibt also eine Kurve 8. Ordnung.

Einen zweiten Ort der Pole von Ellipsen mit unendlich kleinen Axen erhält man aber auch, wenn man in 3a $l_1 = l_2 = 0$ setzt, nämlich

$$\frac{x^2}{a^2} = \frac{a^4}{(a^2 - b^2)(a^2 - c^2)} \cdot \frac{1}{1 - \frac{\varkappa^2}{\mu^2}} \quad \frac{y^2}{b^2} = \frac{b^4}{(b^2 - a^2)(b^2 - c^2)} \cdot \frac{1}{1 - \frac{\varkappa^2}{\mu^2}}$$

$$\frac{z^2}{c^2} = \frac{c^4}{(c^2 - a^2)(c^2 - b^2)} \cdot \frac{1}{1 - \frac{\varkappa^2}{\mu^2}},$$

die Gleichungen von 4 imaginären Geraden.

Die Kurve 8. Ordnung und diese 4 Geraden geben wieder zusammen eine Kurve 12. Ordnung.

Wir wollen nun die gestaltlichen Verhältnisse der Kurve der Pole von kongruenten Ellipsen mit den Halbaxen $\varkappa l_1$ und $\varkappa l_2$ betrachten (3a). Wir nennen sie kurz die Polkurve, den in § 7 gefundenen Kegel den Polkegel. Bei der grossen Mannigfaltigkeit der Formen wollen wir nur einen speziellen Fall betrachten, nämlich $1 < \frac{\varkappa l_1}{\varkappa l_2} < \frac{a}{b} < \frac{b}{c}$.

Das Axenverhältnis soll also kleiner sein als das Verhältnis der grössten zur mittleren Axe des Ellipsoides.

Zur Untersuchung benützen wir die Gleichungen 3a, für welche die Halbaxen $L_1 = \varkappa l_1$ und $L_2 = \varkappa l_2$ sind, wobei immer $L_1 > L_2$.

Wir denken uns die 1. Gleichung als die Gleichung einer Kurve in Koordinaten x und μ und zeichnen uns die Kurve schematisch in ein Koordinatensystem mit der μ-Axe und x-Axe, machen das gleiche für die 2. und 3. Gleichung, und legen die drei Kurven so aufeinander, dass Anfangspunkt und μ-Axen zusammenfallen. Dann ersieht man, dass reelle Werte von x^2, y^2, z^2 für Werte von μ^2 existieren, so lange

I. $\frac{b^2}{l_1^2} < \mu^2 < \frac{b^2}{l_2^2}$, wenn 1) jede Halbaxe der Ellipse kleiner ist als c,

2) die eine Halbaxe kleiner als b, die andere kleiner als c.

II. $\varkappa^2 < \mu^2 < \frac{b^2}{l_2^2}$, wenn die eine Halbaxe kleiner ist als b, die andere grösser als b.

Berücksichtigen wir noch, dass $\frac{x^2}{a^2}+\frac{y^2}{b^2}+\frac{z^2}{c^2}=\frac{1}{1-\frac{\varkappa^2}{\mu^2}}$, so erhalten wir damit die Entfernung d des Poles vom Mittelpunkt der Kegel, im affinen System, nämlich $d^2=\frac{1}{1-\frac{\varkappa^2}{\mu^2}}$.

Mit wachsendem μ nimmt d ab, mit wachsendem $\varkappa$ nimmt d zu. Wir erhalten also im affinen System ungefähr folgendes Bild der Polkurven, für die verschiedenen Werte von $\varkappa$, wie sie Figur 13 (nur für den ersten Oktanten gezeichnet) darstellt.

Für $\varkappa^2=0$ liegt die Polkurve auf der Kugel,

für $\varkappa^2=\frac{b^2}{l_1^2}$ verläuft die Polkurve asymptotisch, ebenso für alle Werte $\varkappa^2>\frac{b^2}{l_1^2}$,

für $\varkappa^2=\frac{b^2}{l_2^2}$ fällt die Polkurve ganz ins Unendliche,

für $\varkappa^2>\frac{b^2}{l_2^2}$ wird sie imaginär.

Für negative Werte von $\varkappa^2$ liegt die Polkurve im Innern der Kugel, die Pole gehören zu Ellipsen mit den imaginären Axen $\varkappa i l_1$ und $\varkappa i l_2$, sind jedoch zugleich die Mittelpunkte von Ellipsen mit den reellen Axen $\varkappa l_1$ und $\varkappa l_2$.

Weitere Eigenschaften der Polkurve ergeben sich aus § 12.

Wir wollen an dieser Stelle die Frage beantworten:

Welche Bedingungen müssen die Halbaxen L_1 und L_2 einer Ellipse erfüllen, ($L_1>L_2$), damit sie auf ein gegebenes Ellipsoid $\frac{x^2}{a^2}+\frac{y^2}{b^2}+\frac{z^2}{c^2}=1$ aufgelegt werden kann?

Die Bedingungen sind diese:

1) Das Verhältnis der Axen $L_1 : L_2$ muss liegen zwischen $\frac{a}{c}$ und 1.

2) Ist das Verhältnis gelegen zwischen $\frac{a}{c}$ und $\frac{a}{b}$, so muss die grössere Halbaxe L_1 kleiner sein als a.

3) Ist das Verhältnis gelegen zwischen $\frac{a}{b}$ und 1, so muss die kleinere Halbaxe L_2 kleiner sein als b. (cfr. § 2 I).

---

§ 11.

Einhüllende von Ellipsen, die auf einem Ellipsoid liegen und einer gegebenen Ellipse kongruent sind. (Kurven $\varkappa = \text{const.}$)

Einer Polkurve entspricht reciprok eine abwickelbare Fläche, nämlich die Einhüllende der den Polen zugeordneten Polarebenen, welche kongruente Ellipsen aus dem Ellipsoid ausschneiden. Der Schnitt der abwickelbaren Fläche mit dem Ellipsoid ist also zugleich Einhüllende der kongruenten Ellipsen auf demselben.

Wir wollen die Gleichungen der Einhüllenden aufstellen:

Unter Benützung des Systems § 10, 3a und der abkürzenden Symbole X Y Z § 10, 4 hat die Gleichung der Ebene, welche eine Ellipse mit den Halbaxen $\varkappa l_1$ und $\varkappa l_2$ aus dem Ellipsoid

1) $\frac{x^2}{a^2} + \frac{y^2}{b^2} + \frac{z^2}{c^2} = 1$ ausschneidet, die Form:

2) $$\frac{xX}{a^2} + \frac{yY}{b^2} + \frac{zZ}{c^2} = \sqrt{1 - \frac{\varkappa^2}{\mu^2}} = K.$$

Die Ebene der benachbarten kongruenten Ellipse schneidet nach einer Geraden, die sowohl der Ebene 2 als der Ebene

3) $$\frac{xX'}{a^2} + \frac{yY'}{b^2} + \frac{zZ'}{c^2} = \frac{\partial K}{\partial \mu} = \frac{\varkappa^2}{\mu^3 \sqrt{1 - \frac{\varkappa^2}{\mu^2}}}$$ *) angehört.

Diese 3 Gleichungen geben also implicite die Einhüllende.

Wir lösen nach x y z auf.

Aus 2 und 3 erhält man:

$$\frac{y}{b} = \left[\frac{Z'}{c} K - \frac{Z}{c} \frac{\varkappa^2}{\mu^3 K} - \frac{x}{a}\left(\frac{XZ'}{ac} - \frac{ZX'}{ac}\right)\right] : \left(\frac{YZ'}{bc} - \frac{ZY'}{bc}\right)$$

$$\frac{z}{c} = -\left[\frac{Y'}{b} K - \frac{Y}{b} \frac{\varkappa^2}{\mu^3 K} - \frac{x}{a}\left(\frac{XY'}{ab} - \frac{YX'}{ab}\right)\right] : \left(\frac{YZ'}{bc} - \frac{ZY'}{bc}\right).$$

---

*) X′ Y′ Z′ bedeuten die Ableitungen von X Y Z nach μ.

Setzt man diese Werte in 1 ein, so erhält man in Bezug auf $\frac{x}{a}$ die quadratische Gleichung:

$$\frac{x^2}{a^2}\Sigma\left(\frac{XY'}{ab}-\frac{YX'}{ab}\right)^2-2\frac{x}{a}\left\{\left(\frac{XZ'^2}{ac^2}-\frac{X'ZZ'}{ac^2}+\frac{XY'^2}{ab^2}-\frac{X'YY'}{ab^2}\right)K\right.$$

$$\left.+\left(\frac{XZZ'}{ac^2}-\frac{X'Z^2}{ac^2}+\frac{XYY'}{ab^2}-\frac{X'Y^2}{ab^2}\right)\frac{\varkappa^2}{\mu^3 K}\right\}+\left(1-\frac{\varkappa^2}{\mu^2}\right)\left(\frac{Y'^2}{b^2}+\frac{Z'^2}{c^2}\right)$$

$$-2\left(\frac{YY'}{b^2}+\frac{ZZ'}{c^2}\right)\frac{\varkappa^2}{\mu^3}+\frac{\varkappa^4}{\mu^6\left(1-\frac{\varkappa^2}{\mu^2}\right)}\left(\frac{Y^2}{b^2}+\frac{Z^2}{c^2}\right)=\left(\frac{YZ'}{bc}-\frac{ZY'}{bc}\right)^2.$$

Es ist nun nach einem bekannten Determinantensatze:

$$\Sigma\left(\frac{XY'}{ab}-\frac{YX'}{ab}\right)^2=\left(\frac{XY'}{ab}-\frac{YX'}{ab}\right)^2+\left(\frac{YZ'}{bc}-\frac{ZY'}{bc}\right)^2+\left(\frac{ZX'}{ac}-\frac{XZ'}{ac}\right)^2$$

$$=\left(\frac{X^2}{a^2}+\frac{Y^2}{b^2}+\frac{Z^2}{c^2}\right)\left(\frac{X'^2}{a^2}+\frac{Y'^2}{b^2}+\frac{Z'^2}{c^2}\right)-\left(\frac{XX'}{a^2}+\frac{YY'}{b^2}+\frac{ZZ'}{c^2}\right)^2$$

Da nun

$$\Sigma\frac{X^2}{a^2}=\frac{X^2}{a^2}+\frac{Y^2}{b^2}+\frac{Z^2}{c^2}=1 \text{ und } \Sigma\frac{XX'}{a^2}=\frac{XX'}{a^2}+\frac{YY'}{b^2}+\frac{ZZ'}{c^2}=0,$$

so ist $\Sigma\left(\frac{XY'}{ab}-\frac{YX'}{ab}\right)^2=\frac{X'^2}{a^2}+\frac{Y'^2}{b^2}+\frac{Z'^2}{c^2}=\Sigma\frac{X'^2}{a^2}$.

Ferner ergibt sich

$$\frac{XZ'^2}{ab^2}-\frac{X'ZZ'}{ac^2}+\frac{XY'^2}{ab^2}-\frac{X'YY'}{ab^2}=\frac{X}{a}\Sigma\frac{X'^2}{a^2}-\frac{X'}{a}\Sigma\frac{XX'}{a^2}=\frac{X}{a}\Sigma\frac{X'^2}{a^2}$$

und $\frac{XZZ'}{ac^2}-\frac{X'Z^2}{ac^2}+\frac{XYY'}{ab^2}-\frac{X'Y^2}{ab^2}=\frac{X}{a}\Sigma\frac{XX'}{a^2}-\frac{X'}{a}\Sigma\frac{X^2}{a^2}=-\frac{X'}{a}.$

Endlich haben wir noch zu transformieren:

$$\left(\frac{YZ'}{bc}-\frac{ZY'}{bc}\right)^2=\frac{Z'^2}{c^2}-\frac{X^2}{a^2}\frac{Z'^2}{c^2}-\frac{Z^2}{c^2}\frac{Z'^2}{c^2}-2\frac{YY'}{b^2}\frac{ZZ'}{c^2}+\frac{Y'^2}{b^2}-\frac{X^2}{a^2}\frac{Y'^2}{b^2}-\frac{Z^2}{c^2}\frac{Y'^2}{b^2}$$

$$=\left(\frac{Y'^2}{b^2}+\frac{Z'^2}{c^2}\right)-\frac{X^2}{a^2}\left(\frac{Y'^2}{b^2}+\frac{Z'^2}{c^2}\right)-\left(\frac{YY'}{b^2}+\frac{ZZ'}{c^2}\right)^2$$

$$=\frac{Y'^2}{b^2}+\frac{Z'^2}{c^2}-\frac{X^2}{a^2}\left(\frac{Y'^2}{b^2}+\frac{Z'^2}{c^2}\right)-\frac{X^2X'^2}{a^2a^2}$$

$$=\frac{Y'^2}{b^2}+\frac{Z'^2}{c^2}-\frac{X^2}{a^2}\Sigma\frac{X'^2}{a^2}.$$

Setzen wir die transformierten Werte in die quadratische Gleichung und deren Lösung ein, so erhalten wir:

$$\frac{x^2}{a^2}\Sigma\frac{X'^2}{a^2}-\frac{2x}{a}\left\{\frac{X}{a}\Sigma\frac{X'^2}{a^2}\cdot K+\frac{X'}{a}\frac{\varkappa^2}{\mu^3 K}\right\}-\frac{\varkappa^2}{\mu^2}\left(\Sigma\frac{X'^2}{a^2}-\frac{X'^2}{a^2}\right)+2\frac{XX'}{a^2}\frac{\varkappa^2}{\mu^3}$$
$$+\frac{\varkappa^4}{\mu^6\left(1-\frac{\varkappa^2}{\mu^2}\right)}\left(1-\frac{X^2}{a^2}\right)+\frac{X^2}{a^2}\Sigma\frac{X'^2}{a^2}=0.$$

Lösen wir nun nach $\frac{x}{a}$ auf und vereinfachen unter der Wurzel, so erhalten wir:

$$\frac{X}{a}K+\frac{X'}{a}\frac{\varkappa^2}{\mu^3 K\Sigma\frac{X'^2}{a^2}}\pm\frac{\varkappa}{\mu\Sigma\frac{X'^2}{a^2}}\sqrt{\left(\frac{\varkappa^2}{\mu^4\left(1-\frac{\varkappa^2}{\mu^2}\right)}-\Sigma\frac{X'^2}{a^2}\right)\left(\frac{X^2}{a^2}\Sigma\frac{X'^2}{a^2}-\left(\frac{Y'^2}{b^2}+\frac{Z'^2}{c^2}\right)\right)}$$

oder

$$\left.\begin{aligned}
\frac{x}{a}&=\frac{X}{a}K+\frac{X'}{a}\frac{\varkappa^2}{\mu^3 K\Sigma\frac{X'^2}{a^2}}\pm\frac{\varkappa}{\mu}\frac{\frac{YZ'}{bc}-\frac{ZY'}{bc}}{\sqrt{\Sigma\frac{X'^2}{a^2}}}\sqrt{1-\frac{\varkappa^2}{(\mu^2-\varkappa^2)\Sigma\frac{X'^2}{a^2}}}\\
&\text{analog}\\
\frac{y}{b}&=\frac{Y}{b}K+\frac{Y'}{b}\frac{\varkappa^2}{\mu^3 K\Sigma\frac{X'^2}{a^2}}\pm\frac{\varkappa}{\mu}\frac{\frac{ZX'}{ac}-\frac{XZ'}{ac}}{\sqrt{\Sigma\frac{X'^2}{a^2}}}\sqrt{1-\frac{\varkappa^2}{(\mu^2-\varkappa^2)\Sigma\frac{X'^2}{a^2}}}\\
\frac{z}{c}&=\frac{Z}{c}K+\frac{Z'}{c}\frac{\varkappa^2}{\mu^3 K\Sigma\frac{X'^2}{a^2}}\pm\frac{\varkappa}{\mu}\frac{\frac{XY'}{ab}-\frac{YX'}{ab}}{\sqrt{\Sigma\frac{X'^2}{a^2}}}\sqrt{1-\frac{\varkappa^2}{(\mu^2-\varkappa^2)\Sigma\frac{X'^2}{a^2}}}
\end{aligned}\right\}\ldots 4$$

Das sind also die Gleichungen der Einhüllenden kongruenter Ellipsen auf einem Ellipsoid.*)

Wir wollen diese Einhüllende als Kurve $\varkappa=\text{const.}$ bezeichnen.

Die Gleichungen bestehen aus je 3 Teilen.

*) Eine andere Ableitung dieser Formeln ergibt sich durch Anwendung von § 9.

Die ersten Teile $\frac{X}{a}K$ $\frac{Y}{b}K$ $\frac{Z}{c}K$ geben die Koordinaten der Mittelpunkte kongruenter Ellipsen (§ 10 2a);

die zweiten Teile die Projektionen auf die Koordinaten-Axen von der Verbindungslinie des Mittelpunktes der Ellipse mit dem Mittelpunkt der Sehne, nach welcher die benachbarte kongruente Ellipse die ursprüngliche schneidet;

die dritten Teile geben die Projektionen auf die Koordinatenaxen von der halben Sehne, deren Richtungscosinus im Verhältnis

$$a\left(\frac{YZ'}{bc}-\frac{ZY'}{bc}\right):b\left(\frac{ZX'}{ac}-\frac{XZ'}{ac}\right):c\left(\frac{XY'}{ab}-\frac{YX'}{ab}\right)$$ stehen.

Die ersten und zweiten Teile zusammen geben die Koordinaten des Mittelpunktes dieser Sehne.

Die Sehne ist parallel zur XY-Ebene, wenn $XY' - YX = 0$ u. s. w.

Anm.: Die Gleichungen 4 sind so eingerichtet, dass sie sofort auf das affine System übertragen werden können.

---

§ 12.

Die Kurven $\mu = \text{const}$.

Jedem Werte des Parameters $\varkappa$ in den Gleichungen 4 § 11 entspricht eine bestimmte Kurve $\varkappa = \text{const.}$ Durch Variation von $\varkappa$ erhalten wir eine Schar von Kurven $\varkappa = \text{const.}$ auf dem Ellipsoid.

Ebenso ergibt sich eine zweite Kurvenschar $\mu = \text{const.}$, wenn wir $\varkappa$ als variablen Parameter ansehen.

Diese Kurven $\mu = \text{const.}$ sind 4. Ordnung, sie sind die Schnitte hyperbolischer Cylinder mit dem Ellipsoid.

Denn die Elimination des Parameters $\varkappa$ aus den Gleichungen 2 und 3 § 11 ergibt

$$1)\left(\frac{xX}{a^2}+\frac{yY}{b^2}+\frac{zZ}{c^2}\right)\left(x\,\frac{X+\mu X'}{a^2}+y\,\frac{Y+\mu Y'}{b^2}+z\,\frac{Z+\mu Z'}{c^2}\right)=1,$$

also für jeden Wert von μ einen hyperbolischen Cylinder.

Jede Erzeugende dieses Cylinders ist der Schnitt der Ebene einer Ellipse mit der Ebene der ihr benachbarten kongruenten Ellipse. Alle diese Ebenen sind parallel zu einander.

Wir können also folgenden Satz aussprechen:

Werden Ellipsen auf einem Ellipsoid durch parallele Ebenen ausgeschnitten und bestimmt man in jeder Ellipsenebene diejenige Gerade, nach welcher die Ebene der benachbarten kongruenten Ellipse schneidet (§ 9), so sind diese Geraden Erzeugende eines hyperbolischen Cylinders.

Die eine Asymptotenebene desselben ist die durch den Mittelpunkt des Ellipsoides hindurchgehende Ebene.

Der Cylinder zerfällt in das Ebenenpaar $x = 0$ und $\frac{yY_0}{b^2} + \frac{zZ_0}{c^2} = 0$,*) wenn $X = 0$, also $X' = \infty$.

Die Kurve $\mu = \text{const.}$ degeneriert in diesem Falle in zwei Ellipsen, von denen die eine durch die YZ-Ebene ausgeschnitten wird, die andere durch die Diameterebene, welche konjugiert ist zum Durchmesser mit den Richtungscosinus $0 : Y_0 : Z_0$.

Ebenso zerfällt der Cylinder für Werte des Parameters μ^2, welche Y oder Z zu Null machen.

Jede Erzeugende des Cylinders ist Sehne des Ellipsoides, die jedenfalls einen reellen Mittelpunkt hat, der auf der Hyperbel mit den Gleichungen

$$\left.\begin{aligned} x &= XK + X' \frac{\varkappa^2}{\mu^3 K \Sigma \frac{X'^2}{a^2}} \\ y &= YK + Y' \frac{\varkappa^2}{\mu^3 K \Sigma \frac{X'^2}{a^2}} \\ z &= ZK + Z' \frac{\varkappa^2}{\mu^3 K \Sigma \frac{X'^2}{a^2}} \end{aligned}\right\} \ldots 2 \quad \varkappa \text{ variabler Parameter (cfr. § 11, 4).}$$

liegt. Diese Hyperbel kann man als Leitkurve des Cylinders nehmen.

*) Y_0 bedeutet, dass in Y für μ^2 diejenigen Werte eingesetzt sind, welche X zu Null machen.

Die Endpunkte obiger Sehnen sind Punkte der Kurve $\mu = \text{const.}$

Bemerkenswert sind die Punkte, in welchen die Hyperbel das Ellipsoid schneidet, also der Fall, in welchem die Sehne in die Tangente an das Ellipsoid übergeht. Dieses tritt ein für $\varkappa^2 = 0$, — wenn die Axen der Ellipse unendlich klein sind — und für $\varkappa^2 = \frac{\mu^4 \Sigma \frac{X'^2}{a^2}}{1 + \mu^2 \Sigma \frac{X'^2}{a^2}}$, — wenn die Ellipse von der ihr benachbarten kongruenten Ellipse berührt wird. — (Für diesen Wert des Parameters $\varkappa$ verschwindet nämlich der Wurzelausdruck in 4 § 11).

Die Punkte, in welchen die Hyperbel schneidet, haben also die Koordinaten X, Y, Z und

$$\left.\frac{X + \mu X'}{\sqrt{1 + \mu^2 \Sigma \frac{X'^2}{a^2}}}, \quad \frac{Y + \mu Y'}{\sqrt{1 + \mu^2 \Sigma \frac{X'^2}{a^2}}}, \quad \frac{Z + \mu Z'}{\sqrt{1 + \mu^2 \Sigma \frac{X'^2}{a^2}}},\right\} \quad \ldots \quad 3.$$

Es sind demnach diese Punkte die Endpunkte der zu den Asymptotenebenen des hyperbolischen Cylinders konjugierten Durchmesser des Ellipsoides.

Im affinen System liegt also die Kurve $\mu = \text{const.}$ symmetrisch zu den beiden Hauptebenen des hyperbolischen Cylinders und der Ebene seiner Leitkurve.

Ausgezeichnete Kurven $\mu = \text{const.}$ sind noch folgende, für welche sich die Werte des Parameters μ aus einer der Gleichungen ergeben:

1) $YZ' - ZY' = 0$ 2) $ZX' - XZ' = 0$ 3) $XY' - YX' = 0$.

Für Relation 1, 2, 3 sind die Erzeugenden des Cylinders resp. parallel zur YZ-Ebene, ZX-Ebene, XY-Ebene.

Aus den Betrachtungen geht hervor, dass sich 2 benachbarte kongruente Ellipsen auf einem Ellipsoid schneiden, oder nicht schneiden oder berühren können. Die Berührpunkte liegen auf der Kurve mit den Gleichungen 3, wenn μ als variabler Parameter genommen wird.

Die reciproken Beziehungen zu Vorstehendem liefern folgendes Resultat: Dem Schnitte der Ebenen zweier benachbarter kongruenter Ellipsen entspricht reciprok eine Tangente an die Polkurve (cfr. § 10). Dem hyperbolischen Cylinder entspricht daher reciprok eine Hyperbel, welche Einhüllende ist von den Tangenten, die an die Polkurven in Punkten derselben Erzeugenden des Kegels gezogen sind. Diejenigen von diesen Tangenten, welchen reciprok die Erzeugenden des hyperbolischen Cylinders entsprechen, welche das Ellipsoid berühren, sind ebenfalls Tangenten an das Ellipsoid. Wir können daher den Ort der Punkte der Polkurven, deren Tangenten das Ellipsoid berühren, leicht berechnen.

Derselbe zerfällt in die Schnittkurve des Pol-Kegels mit dem Ellipsoid und eine Kurve mit den Gleichungen:

$$x = X\sqrt{1 + \mu^2 \Sigma \frac{X'^2}{a^2}} \quad y = Y\sqrt{1 + \mu^2 \Sigma \frac{X'^2}{a^2}} \quad z = Z\sqrt{1 + \mu^2 \Sigma \frac{X'^2}{a^2}}$$

Diese Koordinaten erhält man durch Einsetzen des Wertes

$$\varkappa^2 = \frac{\mu^4 \Sigma \frac{X'^2}{a^2}}{1 + \mu^2 \Sigma \frac{X'^2}{a^2}}$$ in die Gleichungen 3.

Diese Kurve trennt jenes Gebiet der Punkte der Polkurven auf dem Kegel, deren Tangenten das Ellipsoid schneiden, von jenem Gebiete der Punkte der Polkurven, deren Tangenten das Ellipsoid nicht schneiden.

Auf dem Kegel (Fig. 13) ist die Kurve durch eine gestrichelte Linie dargestellt.

Da für diesen Fall $\Sigma \frac{X'^2}{a^2}$ für $Y = 0$ zweimal unendlich wird, so hat die Kurve die Erzeugenden des Polkegels in der XZ-Ebene zu Asymptoten.

Fig. 14 stellt im affinen System einen Teil des Schnittes einer Tangentialebene an den Polkegel längs einer Erzeugenden OC mit dem zugehörigen hyperbolischen Cylinder dar. Derselbe wird von der Tangentialebene nach der Hyperbel BC mit den

Asymptoten OA und OD geschnitten. Die Hyperbel ist die durch das System 2 dargestellte Kurve. Es ist also OA $\perp$ OC und OD $\perp$ OB.

Nehmen wir zu jedem Punkt der Hyperbel die Polare in Bezug auf den Kreis, so ist die Einhüllende derselben die vorhin erwähnte Hyperbel, nämlich die Einhüllende der Tangenten an die Polkurven in Punkten, die auf derselben Erzeugenden des Polkegels liegen.

Für den in der Figur gezeichneten Ast ist dann TC und BF zugleich Tangente an die Kugel, M und N ihre Berührpunkte mit der Hyperbel, wobei nach einem bekannten Satze TM = MC und FN = NB, da OC und OB Asymptoten dieser Hyperbel sind.

---

§ 13.

Ort der Punkte, in welchen sich die Ebenen von drei benachbarten kongruenten Ellipsen auf einem Ellipsoid schneiden.

Wir hatten auf dem Ellipsoid 2 Kurvenscharen erhalten $\varkappa$ = const. und μ = const. (§ 11 und § 12). Eine Kurve des Systems μ = const. wird aus dem Ellipsoid ausgeschnitten durch einen hyperbolischen Cylinder, eine Kurve des Systems $\varkappa$ = const. durch eine abwickelbare Fläche F, nämlich die Einhüllende der Ebenen kongruenter Ellipsen.

Die Gleichung der Fläche F erhält man durch Elimination des Parameters μ aus den Gleichungen

$$1)\quad \frac{xX}{a^2} + \frac{yY}{b^2} + \frac{zZ}{c^2} = K$$

$$2)\quad \frac{xX'}{a^2} + \frac{yY'}{b^2} + \frac{zZ'}{c^2} = \frac{\partial K}{\partial \mu}.$$

Nimmt man dazu noch die Gleichung

$$3)\quad \frac{xX''}{a^2} + \frac{yY''}{b^2} + \frac{xZ''}{c^2} = \frac{\partial^2 K}{\partial \mu^2},$$

so geben diese drei Gleichungen die Gleichungen der Rückkehrkante der abwickelbaren Fläche.

Diese Rückkehrkante hat Spitzen für Werte von μ, für welche die Gleichungen 1, 2, 3 und

$$4)\ \frac{xX'''}{a^2} + \frac{yY'''}{b^2} + \frac{zZ'''}{c^2} = \frac{\partial^3 K}{\partial \mu^3}$$

zusammenstimmen.

Diese Spitzen liegen teils ausserhalb der Koordinatenebenen, teils in denselben.

Für den Fall $1 < \frac{\varkappa l_1}{\varkappa l_2} < \frac{a}{b} < \frac{b}{c}$ liegen zwei Spitzen eines Astes der Rückkehrkante in der XZ-Ebene und zwar für die beiden Werte von μ, welche Y zu Null machen, so dass also $Y_0' = \infty$, $Y_0'' = \infty$, $Y_0''' = \infty$ $\lim\limits_{Y=0} (Y_0' : Y_0'') = 0$.

Die Tangente an die Kurve in einem solchen Cuspidalpunkt hat die Richtungscosinus $-a^2 Z_0 : 0 : c^2 X_0$.

Die Koordinaten*) der Spitze selbst sind:

$$\left. x = \frac{Z_0' K - Z_0 \frac{\partial K}{\partial \mu}}{X_0 Z_0' - Z_0 X_0'} \quad y = 0 \quad z = \frac{-X_0' K + X_0 \frac{\partial K}{\partial \mu}}{X_0 Z_0' - Z_0 X_0'} \right\} \ldots 5.$$

In einem Punkte der Rückkehrkante schneiden sich die Ebenen von drei benachbarten kongruenten Ellipsen, und, wenn dieser Punkt eine Spitze für die Rückkehrkante ist, die Ebenen von 4 benachbarten Ellipsen. **)

Der Schnittpunkt der Rückkehrkante mit dem Ellipsoid ist eine Spitze für die Kurve $\varkappa = \text{const.}$

Variiert man nun $\varkappa$, so geht die abwickelbare Fläche F in andere über, und zwar so, dass ihre Erzeugenden auf hyperbolischen Cylindern fortrücken, während die Rückkehrkante auf einer Fläche Φ sich verschiebt, welche die Einhüllende dieser hyperbolischen Cylinder ist.

---

*) Diese Ausdrücke erhält man, wenn man in den aus 1, 2 und 3 berechneten Werten von x, y, z zur Grenze für $Y = 0$ übergeht.

**) cfr. *Cremona*, Grundzüge einer allgemeinen Theorie der Oberflächen etc. Cap. II. 8 p. 7.

Denn die Koordinaten eines Punktes der Rückkehrkurve erfüllen die Gleichung des hyperbolischen Cylinders mit der Gleichung

$$U \equiv \left(\frac{xX}{a^2}+\frac{yY}{b^2}+\frac{zZ}{c^2}\right)\left(x\frac{X+\mu X'}{a^2}+y\frac{Y+\mu Y'}{b^2}+z\frac{Z+\mu Z'}{c^2}\right)=1$$

(§ 12, 1) und deren Ableitung $\frac{\partial U}{\partial \mu}=0$, welche einen Kegel 2. Ordnung darstellt, identisch.

Die Charakteristiken*) der Fläche Φ sind also Kurven 4. Ordnung.

Die Rückkehrkante der Fläche Φ ist der Ort der Spitzen der Rückkehrkanten der Flächen F.

Die Fläche Φ ist also der Ort der Punkte, in welchen sich drei benachbarte Ebenen treffen, die aus dem Ellipsoid kongruente Ellipsen ausschneiden. Eine jede einem solchen Tripel angehörende Ellipse ist ähnlich eventuell kongruent irgend einer einem anderen Tripel angehörenden Ellipse.

Die Punkte der Rückkehrkante der Fläche Φ haben die Eigenschaft, dass sich in ihnen vier benachbarte Ebenen treffen, welche kongruente Ellipsen auf dem Ellipsoid ausschneiden.

Die Rückkehrkante zerfällt unter anderm in zwei Hyperbeln in der XZ-Ebene, wenn $1<\frac{\varkappa l_1}{\varkappa l_2}<\frac{a}{b}<\frac{b}{c}$. Auf ihnen rücken die Spitzen der Rückkehrkanten der Flächen F in der XZ-Ebene fort, wenn $\varkappa$ variiert wird.

Durch Elimination von $\varkappa$ geht nämlich das System 5 über in

$$\left(\frac{xX_0}{a^2}+\frac{zZ_0}{c^2}\right)\left(x\frac{X_0+\mu X_0'}{a^2}+z\frac{Z_0+\mu Z_0'}{c^2}\right)=1,$$

also in die Gleichung einer Hyperbel.

Reciprok bedeutet das, dass die Oskulationsebenen der Polkurven in denjenigen Punkten, welche in der XZ-Ebene liegen, zwei hyperbolische Cylinder einhüllen.

---

*) *Serret-Harnack*, Lehrbuch der Differential- und Integralrechnung. 1. Band Nr. 283—286.

Legt man an jede Erzeugende des Polkegels die Tangentialebene und konstruiert in ihr die am Schlusse des vorigen Paragraphen erwähnte Hyperbel MN (Fig. 14), so ist der Ort der Punkte dieser Hyperbeln reciprok zur Fläche Φ.

Die Asymptotenkegel der Reciprokalfläche sind dann der Polkegel und jener Kegel mit dem Anfangspunkt als Spitze, der durch die Kurve geht, welche durch das System 3 § 12 dargestellt ist, wenn man μ variabel nimmt.

Die Fläche Φ hat daher zwei Asymptotenkegel, nämlich die Reciprokalkegel zu den vorigen. Man erhält die Gleichungen dieser Kegel, wenn man in den Gleichungen der Rückkehrkante der Fläche F $\varkappa^2 = \mu^2$ und $\varkappa^2 = \infty$ setzt.

Die Fläche Φ schneidet aus dem Ellipsoid eine Kurve aus, welche die Einhüllende der Kurven $\mu = \text{const.}$ oder der Ort der Spitzen der Kurven $\varkappa = \text{const.}$ ist.

---

§ 14.

Über die Gestalt einer Kurve $\varkappa = \text{const.}$ Anzahl der reellen kongruenten Ellipsen, welche durch einen gegebenen Punkt des Ellipsoides gehen.

Zum Schlusse wollen wir noch versuchen, die geometrische Form einer Kurve $\varkappa = \text{const.}$ aus der ihr zugehörigen Polkurve abzuleiten.

Die Menge von Beziehungen, welche zwischen den Halbaxen einer Ellipse und denen des Ellipsoides bestehen, bedingt auch die mannigfachsten geometrischen Formen der Kurven $\varkappa = \text{const.}$

Wir wollen hier nur den schon früher behandelten Fall $1 < \frac{\varkappa l_1}{\varkappa l_2} < \frac{a}{b} < \frac{b}{c}$ herausgreifen und noch weiter spezialisieren, wie es teils im Folgenden angegeben, teils aus der Figur 15 zu ersehen ist, welche im affinen System gezeichnet ist.

Die grössere Halbaxe der Ellipse sei grösser als b, also $\varkappa l_1 > b$. Die zu diesem Werte von $\varkappa$ gehörige Polkurve verläuft dann auf dem Polkegel asymptotisch.

Ferner sei $\varkappa$ so genommen, dass der in jedem Oktanten befindliche Ast der Polkurve von dem Aste der gestrichelten Kurve (§ 12) nur in einem reellen Punkte D geschnitten werde.

Es werden also die Tangenten an die Polkurve in denjenigen Punkten des Astes, die zwischen A und D liegen, das Ellipsoid nicht schneiden, die Tangente in D berührt dasselbe, alle übrigen schneiden es.

Endlich sei $\varkappa$ so gewählt, dass die Oskulationsebene der Polkurve im Punkte A das Ellipsoid nicht schneidet.

Reciprok sagt dies aus, dass die eine in der XZ-Ebene gelegene Spitze der Rückkehrkante der abwickelbaren Fläche, welche die Kurve $\varkappa =$ const. aus dem Ellipsoid ausschneidet, innerhalb desselben liegt.

Da die Tangentialebene an den Polkegel längs der Erzeugenden OE zugleich Oskulationsebene der Polkurve im unendlich entfernten Punkte E ist, also das Ellipsoid schneidet, so gibt es jedenfalls einen reellen Punkt B der Polkurve zwischen A und E, dessen Oskulationsebene das Ellipsoid im Punkte B' berührt.

Die Rückkehrkante der abwickelbaren Fläche, welche die Kurve $\varkappa =$ const. ausschneidet, durchstösst in diesem Punkte B' das Ellipsoid, die Kurve $\varkappa =$ const. hat also eine Spitze in diesem Punkte.

Zu jeder Tangente an die Polkurve in den Punkten des Astes AE gibt es eine symmetrisch zur XZ-Ebene gelegene Tangente im symmetrisch gelegenen Punkte des Astes AE_1. Beide Tangenten schneiden sich in der XZ-Ebene, liegen also in einer gewissen Ebene.

Variiert man die Lage dieser Ebene, so ist die eine Grenzlage die Oskulationsebene im Punkte A, die andere die Ebene EOE_1.

Es muss daher die Ebene einmal das Ellipsoid berühren (in einem Punkte C' der XZ-Ebene). In dieser Tangentialebene liegen dann die beiden Tangenten der Polkurve in den Punkten C und C_1.

Die reciproken Polaren dieser Tangenten gehen daher durch C'. Da die Tangenten das Ellipsoid nicht schneiden, liegt C zwischen A und D.

Lässt man nun eine Gerade nach und nach alle Lagen der Tangenten an die Polkurve zwischen den Punkten A und D annehmen, so schneiden ihre reciproken Polaren die Kurve $\varkappa =$ const. aus dem Ellipsoid aus, welche unter Berücksichtigung der oben gegebenen Bedingungen die Form der Kurve A' B' C' D' A'' (Fig. 16) annehmen muss.

Die Kurve $\varkappa =$ const. hat also in dem über der XY-Ebene befindlichen Raume, von oben gesehen, die in Fig. 17 gezeichnete Gestalt.

Diese Kurve teilt zugleich das Ellipsoid in Gebiete ein, die mit Zahlen versehen sind. Sie bedeuten die Anzahl der reellen kongruenten Ellipsen, die durch einen Punkt des Gebietes gehen.

Will man nämlich für irgend einen Punkt der Oberfläche des Ellipsoides die Anzahl der reellen kongruenten Ellipsen, die durch ihn hindurchgehen, kennen lernen, so muss man die reellen Schnittpunkte der Tangentialebene dieses Punktes an das Ellipsoid mit der Polkurve abzählen.

Für die Scheitel des Ellipsoides ist diese Abzählung einfach.

Die Tangentialebene in M hat keinen reellen Schnittpunkt mit der Polkurve, die Tangentialebene in N und P trifft sie in 4 Punkten. Kennt man die Anzahl in einem Gebiete, so unterscheidet sich die Anzahl im Nachbargebiete um eine gerade Anzahl von Einheiten.

Es verdient bemerkt zu werden, dass auf dem Ellipsoid Ellipsen liegen, welche die Einhüllende nicht berühren. Die Pole dieser Ellipsen liegen auf dem Teile DE (für den 1. Oktanten). Bei der Abzählung der Anzahl der durch einen bestimmten Punkt gehenden kongruenten Ellipsen sind sie jedoch mitgerechnet.

Die Verteilung der Punkte zeigt, dass es Gebiete gibt, durch welche keine Ellipse hindurchgeht.

Anm. Da der Übergang von jenen Ellipsen, die sich auf dem Ellipsoid schneiden, zu jenen, deren Ebenen sich ausserhalb desselben schneiden, ein stetiger ist, so ist ein mechanisches Aufzeichnen von einander benachbarten kongruenten Ellipsen auf einem Ellipsoid und damit das Aufzeichnen der Kurve $\varkappa =$ const. mit Schwierigkeiten verknüpft.

Es ist mir eine angenehme Pflicht, auch an dieser Stelle den hochverehrten Herren *Dr. Gustav Bauer,* Professor an der Universität München, auf dessen Anregung die vorliegende Arbeit entstanden ist, und *Dr. Sebastian Finsterwalder,* Professor an der technischen Hochschule in München, für ihre fördernden Anregungen meinen herzlichsten Dank auszusprechen.

Tafel 1

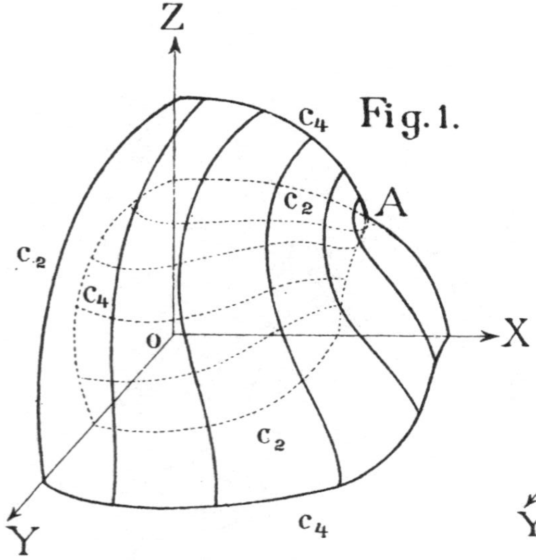

Fig. 1.

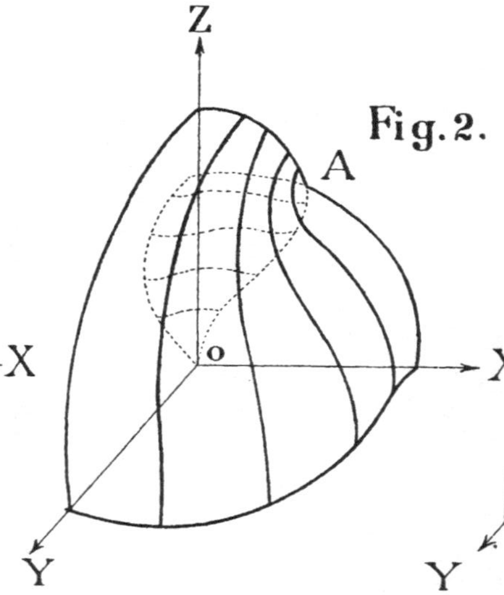

Fig. 2.

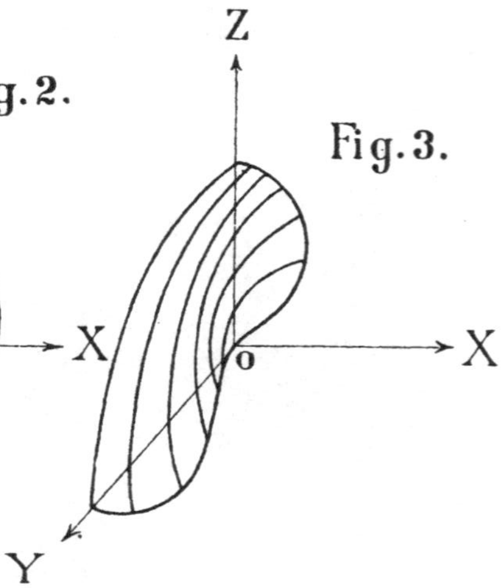

Fig. 3.

Fig. 6.

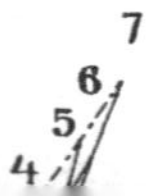

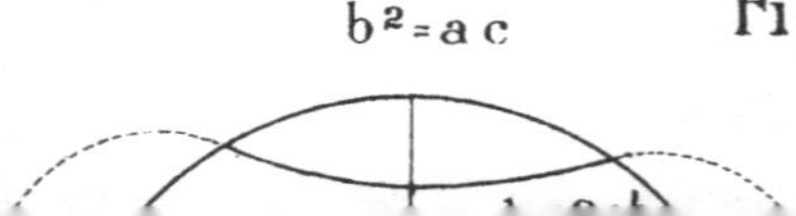

Fig. 7.

Fig.10.

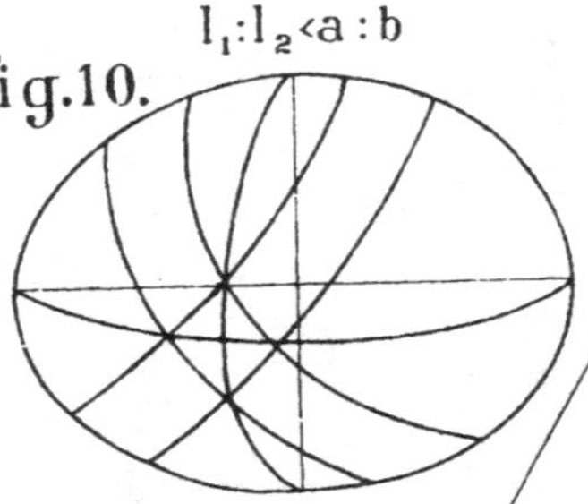

Fig.4.

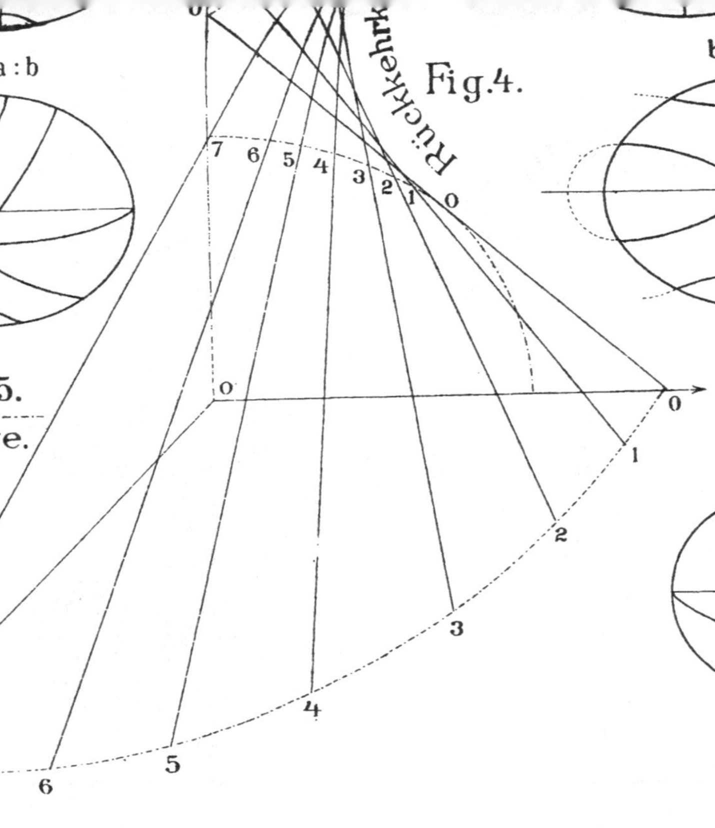

zur Fig.4 u.5.

Doppelkurve.

Fig. 8.

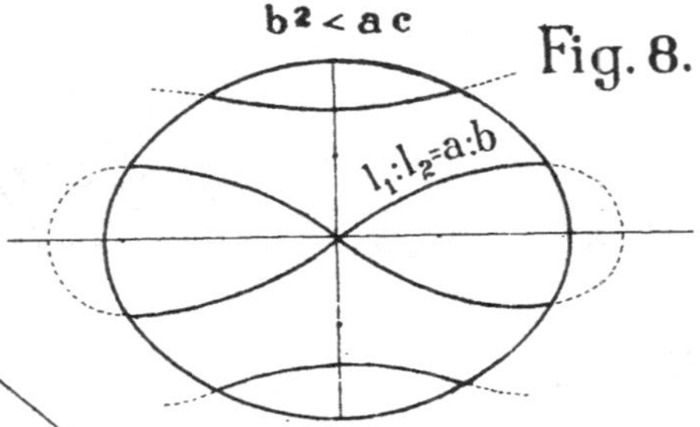

Fig.11.

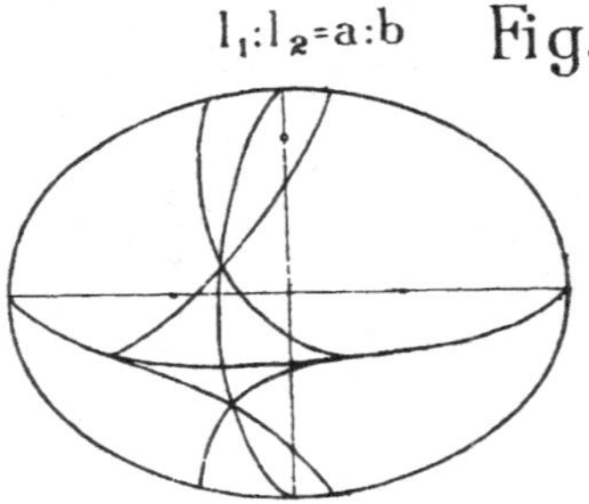

Tafel 2

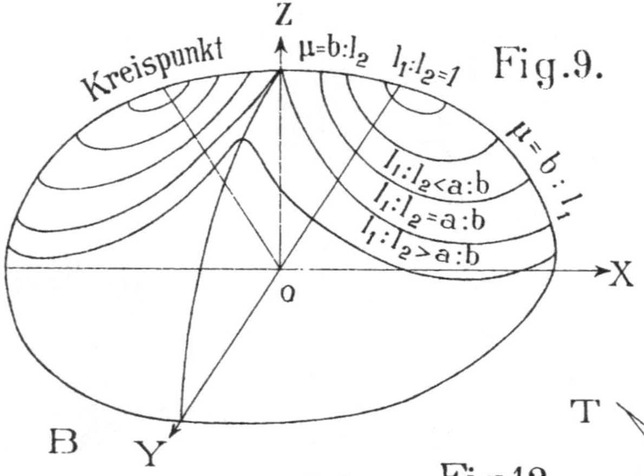

Fig.9.

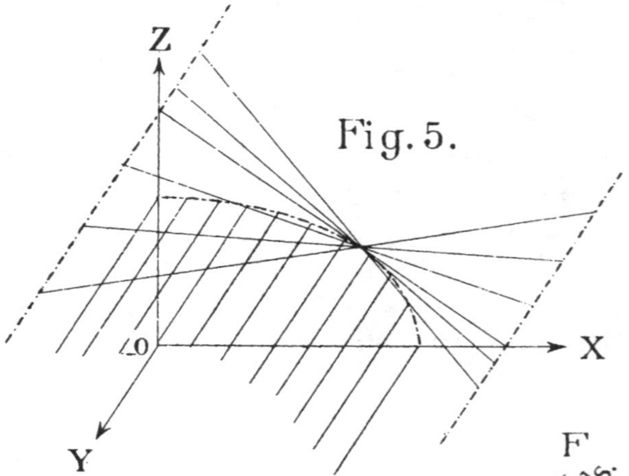

Fig. 5.

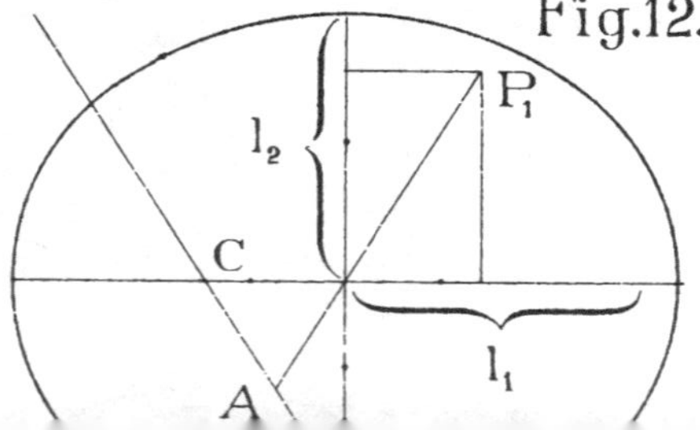

Fig.12.

Fig.14.

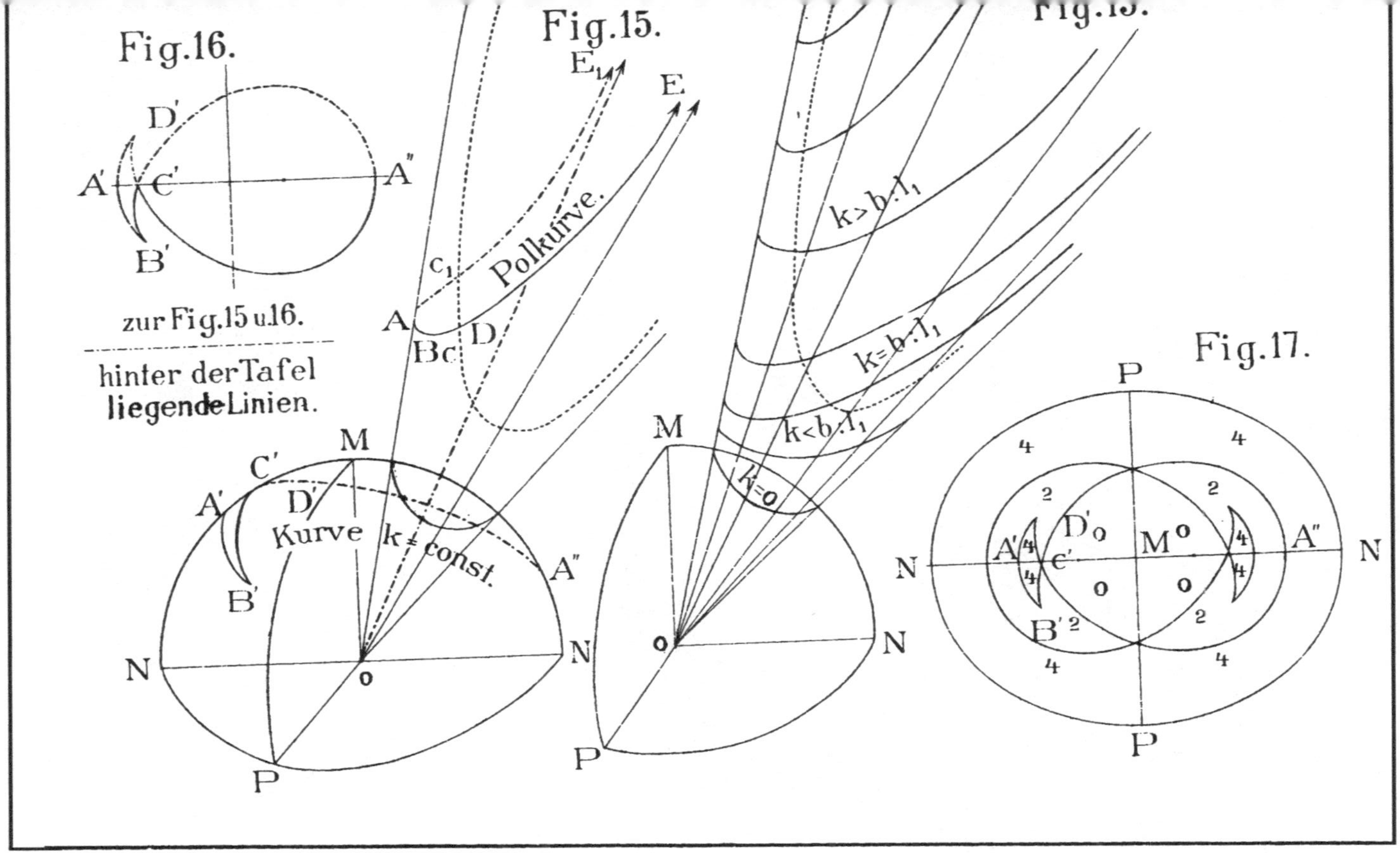
Fig.16.
Fig.15.
Fig.17.
D'
A'
C'
A"
B'
zur Fig.15 u.16.
hinter der Tafel liegende Linien.
E₁
E
c₁
Polkurve.
A
B c D
M
Kurve k = const.
N
P
o
k > b : l₁
k = b : l₁
k < b : l₁
k = o
D' o
M o
B' 2
4
2

FSC
www.fsc.org
MIX
Papier | Fördert
gute Waldnutzung
FSC® C083411

Kolibri 360 GmbH
Ferdinand-Jühlke-Straße 7
99095 Erfurt, Deutschland
produktsicherheit@kolibri360.de